La vida social
de las bacterias

Manuel Espinosa Urgel

Colección ¿Qué sabemos de?

CATÁLOGO DE PUBLICACIONES DE LA ADMINISTRACIÓN GENERAL DEL ESTADO:
HTTPS://CPAGE.MPR.GOB.ES

© Manuel Espinosa Urgel, 2024
© CSIC, 2024
http://editorial.csic.es
publ@csic.es
© Los Libros de la Catarata, 2024
Fuencarral, 70
28004 Madrid
Tel. 91 532 20 77
www.catarata.org

ISBN (CSIC): 978-84-00-11341-4
ISBN ELECTRÓNICO (CSIC): 978-84-00-11342-1
ISBN (CATARATA): 978-84-1067-167-6
ISBN ELECTRÓNICO (CATARATA): 978-84-1067-168-3
NIPO: 155-24-205-9
NIPO ELECTRÓNICO: 155-24-206-4
DEPÓSITO LEGAL: M-24.033-2024
THEMA: PDZ/MZMP/MKFM

Índice

Introducción

Asociamos la idea de tener vida social con cosas como reunirnos con amigos a tomar unas cervezas y charlar, compartir cotilleos, comentar noticias o pasarnos recetas de cocina. Aunque también, cada vez más, nos vienen a la cabeza las redes sociales, cuántos seguidores tenemos o si nos dan un "me gusta" a nuestras publicaciones. En definitiva, se trata de formar parte de un grupo e intercambiar información (o vídeos de gatitos). Los seres humanos somos seres sociales, pero no solo porque nos gusten los bares, sino porque nuestra propia supervivencia como especie ha dependido de ello. Nos hemos organizado en grupos, nos hemos repartido tareas y somos capaces de comunicarnos, coordinarnos y cooperar, aunque a veces no lo parezca. Hay otros ejemplos de animales sociales aparte de nosotros y nuestros parientes cercanos los primates: las abejas o las hormigas puede que te vengan a la cabeza. Pero ¿y las bacterias? ¿Pueden unos organismos unicelulares, aparentemente simples y primitivos, ser seres sociales?

Si crees que no, no eres la única persona. Cuando empecé a darle vueltas a este libro y comentaba que estaba planteándome escribir sobre el tema, algunos colegas del mundo científico (astrofísicos, matemáticos, pero también algún biólogo) me preguntaban, con cierto tono de guasa: "Ah, pero ¿las bacterias tienen vida social? ¿Van a los bares, tuitean y eso?". Bueno, según en qué bar, seguro que encontramos más bacterias de las que nos gustaría…

Pero este libro no va de bares, qué lugares, sino de algo que llamamos sociomicrobiología, es decir, el estudio de las interacciones sociales entre microorganismos. En su páginas quizás descubras algunas cosas interesantes, como que las bacterias no son siempre sinónimo de enfermedad, aunque gran parte de la historia de la microbiología se ha centrado en este aspecto; que son capaces de asociarse, formar comunidades complejas y transmitirse información, y que además todo esto influye notablemente en nuestra salud, en nuestra vida diaria y en el funcionamiento de los ecosistemas.

Lo saben bien Bonnie Bassler, Peter Greenberg y Jeffrey Gordon, que recibieron el Premio Princesa de Asturias en 2023 precisamente por sus descubrimientos relacionados con la vida social de las bacterias. Intentaré explicar algo de sus trabajos y de cómo unos microorganismos que parecen sencillos son capaces de todo eso. Trataré de hacerlo con alguna pizca de humor, porque se puede ser ameno y riguroso a la vez; lo contrario de lo divertido no es lo serio, sino lo aburrido, y yo espero no aburrirte. Aun así, reconozco que algunas partes del texto son más fáciles de seguir que otras, pero confío en que podrás suplir mi incapacidad para explicar mejor algunos aspectos. Para aligerarlo, he preferido saltarme un poco la norma y no llenar el texto de referencias bibliográficas, pero al final del libro aparece un listado de artículos y libros relacionados con los temas que trato. A partir de ahí, es cosa tuya seguir profundizando, si quieres. Sí menciono algunos nombres que considero relevantes (aunque no están todos, ni mucho menos), porque pienso que es importante, aparte de señalar su contribución, transmitir que la ciencia es algo dinámico, con personas detrás que investigan día tras día, no una serie de conocimientos grabados en piedra que yo he juntado aquí. Mientras lees, laboratorios de todo el mundo continúan trabajando en los temas de los que hablo en estas páginas.

Al ver en mi biografía que soy microbiólogo, seguramente te habrá venido a la cabeza la imagen de una persona enfrascada mirando a través de los oculares de un microscopio. Gracias a Hollywood, estaría además diciendo algo como: "Cielo santo, John, ¡está mutando!". Así que puede que esperes que, aunque no haya bares, al menos haya emoción y suspense. Confieso que eso no sé si lo habré conseguido. Pero quizás sí que logre al menos despertar tu curiosidad por el mundo invisible que nos rodea.

Porque debes saber que no estamos solos. Nunca lo estamos…

CAPÍTULO 1

Bacterias por todas partes

Esta mañana te has levantado y seguramente te habrás dado una ducha, eliminando con el gel y el champú algunas de las bacterias que viven sobre la piel. Quizás, al mirarte al espejo, te hayas acordado del folleto de la clínica estética que dejaron ayer en el buzón, ese que ofrece un tratamiento con bótox, que no es otra cosa que una pequeña dosis de la toxina producida por la bacteria *Clostridium botulinum*, la misma que causa el botulismo. Pensándolo bien, mejor una dieta sana y algo de ejercicio para mantenerse joven. Así que quizás hayas desayunado un yogur —resultado de la fermentación realizada por bacterias lácticas— acompañado de cereales, que tu microbiota intestinal ayudará a digerir en parte. El resto saldrá más tarde de tu cuerpo en las heces, de cuyo peso aproximadamente un 15% corresponde a biomasa bacteriana. Después de desayunar te habrás lavado los dientes. Bien. Con eso has eliminado una buena porción de las bacterias que colonizan tus encías y dientes, formando comunidades que son responsables de la placa dental y otros problemas: caries, periodontitis… Por cierto, puede que sea hora de echar un chorrito de lejía en el desagüe para eliminar esa capa oscura que está apareciendo en los bordes y que, si la mirases en un microscopio electrónico, encontrarías llena de bacterias embebidas en una sustancia mucosa producida por ellas para mantenerse adheridas a tu lavabo. Finalmente, has decidido salir a dar un paseo por el parque con este libro bajo el brazo, escapando así a la influencia de tantos seres microscópicos que comparten tu casa y tu propio cuerpo sin pagar alquiler.

¿Seguro que has escapado? Mira a tu alrededor. Si recogieras con una cucharita un poco de esa tierra húmeda que estás pisando y la analizases, descubrirías millones de bacterias. La mayor parte inofensivas, muchas necesarias para el mantenimiento de lo que llamamos los ciclos biogeoquímicos (el "reciclaje" de elementos esenciales para la vida como el carbono o el nitrógeno) e incluso algunas capaces de producir antibióticos. Sí, como ese que te recetaron para la infección de orina y que decidiste dejar a mitad del tratamiento porque ya estabas mejor (mala decisión, como veremos más adelante). Si además te has levantado con ánimo gamberro y te dedicas a arrancar algunas plantas del parque con la excusa de estudiar a fondo sus raíces, descubrirás más bacterias, entre diez y cien veces más que en la tierra que recogiste antes. Y del estanque de los patos, con su agua verdosa y sus restos de hojarasca, trozos de pan y patatas fritas, mejor ni hablar.

Con el paseo, y después de tantas emociones, seguramente te estarán entrando hambre y sed. Nada mejor que seguir leyendo frente a una copa de vino, producido gracias a la fermentación de los azúcares de la uva por bacterias y levaduras, y una buena ración de ensaladilla. "O mejor no —puede que pienses—, que últimamente hablan mucho de esa bacteria, la *Salmonella*, en las noticias". Un platito de cocido, eso sí que sienta bien, sobre todo, cuando averigües que hay bacterias que viven asociadas a la raíz de las plantas leguminosas (garbanzos, lentejas, guisantes…) y que, gracias a ellas, estas plantas pueden aprovechar el nitrógeno atmosférico para crecer, contribuyendo además a mitigar el cambio climático. ¡Pero bueno! ¿No hay manera de librarse de esas malditas bacterias?

Pues me temo que no, pero no hay que preocuparse. Si te estás empezando a agobiar con tanta presencia invisible a tu alrededor, respira hondo y piensa que en realidad no puedes vivir sin ella. Tanto el equilibrio de los ecosistemas como la salud de tu cuerpo dependen de los microorganismos. Sin embargo, desde que pudimos observarlas por primera vez hasta que nos hemos dado cuenta de que no son tan simples como parecen, y de que las bacterias juegan un papel clave en el funcionamiento del planeta y de nuestro propio organismo, han tenido que pasar más de 300 años.

Un poco de historia

En la segunda mitad del siglo XVII, un comerciante de telas holandés llamado Anton van Leeuwenhoek se iba a acabar convirtiendo en una celebridad científica. Su buena posición económica y social le dejaba tiempo para dedicarse a una afición un tanto peculiar: fabricar y pulir lentes de aumento. Estas le servían para revisar las telas con las que comerciaba, pero sobre todo para satisfacer su curiosidad como investigador *amateur*. Acoplando una de sus lentes a un soporte metálico en el que podía colocar distintos tipos de muestras, Van Leeuwenhoek construyó el primero de una serie de pequeños microscopios. Un par de roscas servían para mover y enfocar las muestras, que luego se miraban al trasluz a través de la lente. El aspecto del artefacto era muy diferente de la imagen que tenemos hoy de un microscopio. Pero las apariencias engañan, y algunos de aquellos raros aparatos alcanzaban hasta 250 aumentos, es decir, podía observar las muestras a 250 veces su tamaño real, una capacidad muy superior a la de cualquiera de los rudimentarios instrumentos de la época y que no fue superada hasta casi un siglo después. No sabemos exactamente cómo lo consiguió, puesto que nunca dejó por escrito el método que empleaba para fabricar sus lentes y conseguir una calidad tan grande. Buen ejemplo de lo importante que es comunicar la ciencia, tanto a nivel de resultados como de metodología.

Usando su invento con todo tipo de especímenes (entre ellos su propio semen, que según las malas lenguas fue una de las primeras cosas que decidió observar, descubriendo los espermatozoides y comparándolos con los de diversos animales), Van Leeuwenhoek iba a desvelar un auténtico universo de seres microscópicos, a los que en aquella época se llamó "animálculos". Estos incluían algunos tipos de bacterias, según podemos deducir por sus dibujos de lo que veía a través de la lente. A pesar de no tener formación académica, sus observaciones le acabaron valiendo el reconocimiento internacional a través de las cartas que enviaba a miembros de la Royal Society en Londres, uno de los principales organismos científicos de la época. También recibió críticas, por supuesto, porque no todos los eruditos veían con buenos ojos a un aficionado que apenas sabía inglés ni escribía en latín, que era el lenguaje oficial de la ciencia en aquel momento. Pero lo cierto es que sus trabajos y los de algunos contemporáneos como el inglés Robert Hooke, que unos años antes había publicado en su *Micrographia* las primeras ilustraciones de lo que se observaba a través de un microscopio (mucho menos potente que el del holandés), impulsaron en toda Europa la curiosidad por ese mundo invisible que nos rodea.

A Van Leeuwenhoek se le suele considerar el padre de la microbiología, pero mucho antes que él ya hubo quienes intuían la existencia de seres microscópicos. En el siglo I a. C., Marco Terencio Varrón escribe en Roma uno de los pocos tratados de agronomía de la Antigüedad que se han conservado completos hasta nuestros días, tres volúmenes titulados *Rerum rusticarum libri III*. En el primero, Varrón aconseja sobre los lugares en los que ubicar las fincas y casas en el campo, indicando que se debe evitar la cercanía a lugares pantanosos: "[…] porque crecen ciertos animales minúsculos que no pueden ser vistos por los ojos y que penetran por el aire a través de boca y nariz en el cuerpo y causan graves enfermedades". A pesar de que Varrón no tenía forma de comprobar la existencia de esos seres minúsculos, y aunque en el preámbulo de su obra invoca a "los doce dioses que guían a los labradores", veía claro que el origen de ciertas enfermedades no estaba en el descontento divino con los mortales, sino en lo que hoy llamamos microorganismos. Una idea que iba en contra no solo de creencias religiosas, sino de la ciencia médica de la época. Se culpaba al desequilibrio de "humores" corporales y a "miasmas" o aires nocivos provenientes de aguas estancadas y materia orgánica en descomposición de la aparición de enfermedades y epidemias.

Estas teorías van a perdurar hasta bien entrado el siglo XIX, con algunas excepciones, como la del médico italiano Girolamo Fracastoro, que en 1546 menciona en su tratado *De Contagione* la existencia de organismos minúsculos que son las "semillas de la enfermedad" y pueden transmitirse de una persona a otra. O el jesuita y científico alemán Athanasius Kircher. En su obra publicada en 1658 (*Scrutinium physicomedicum contagiosae luis, quae pestis vulgo dicitur*, 'Un examen físico-médico de la enfermedad contagiosa, que comúnmente se llama peste') viene a decir que al igual que de los cadáveres y de la materia en putrefacción nacen gusanos, también de las pústulas de los enfermos de peste deben nacer "gusanos" invisibles, que transmiten la enfermedad. Y es que, según él: "Toda cosa podrida, por sí misma y por su propia naturaleza, engendra gusanos". Recordemos que es una época en la que todavía se cree en la generación espontánea, y también que la peste es un castigo divino a los pecados —es decir, a la podredumbre del alma— del ser humano, según nos avisa el propio autor al inicio de su obra.

Es interesante resaltar que Kircher menciona en varios párrafos posteriores el microscopio, un invento bastante reciente que parece haber tenido a su disposición, o al menos estar bien familiarizado con él, y que está convencido de que le dará la razón: "No hay especie de planta que no produzca un gusano a partir de su mucosidad, algo que el microscopio ha determinado en estos últimos tiempos y demostrará más adelante; porque hasta el vinagre, la leche y la sangre de los que tienen fiebre están llenos de gusanos".

No sabemos si tanta insistencia en esto de los gusanos contribuyó a que conceptos como los de Fracastoro y Kircher fueran en general rechazados y ridiculizados. Seguramente tampoco ayudaba la excentricidad de algunas ideas de Kircher, quien, pese a ser muy popular en su época, también fue tachado de "charlatán con imaginación aberrante" por el mismísimo Descartes. Es cierto que todavía no se habían acuñado palabras como *bacteria* o *microbio*. Pero desde luego, pensar en bichos invisibles propagando enfermedades no era fácil para la mayoría de los médicos, que seguían teniendo como referentes a sus grandes maestros de la Antigüedad como Hipócrates o Galeno, y consideraban el microscopio una mera curiosidad. A pesar de ello, a lo largo del siglo XVIII, investigadores como el italiano Carlo Francesco Cogrossi o el esloveno afincado en Viena Marko Anton Plenčič postulan la teoría de los gérmenes, proponiendo que cada enfermedad es causada por un microorganismo distinto, capaz de introducirse y habitar dentro del cuerpo humano. Pero al igual que Kircher antes que ellos, ninguno fue capaz de dar con métodos para confirmar estas ideas, que se basaban más bien en la intuición. Derivada, eso sí, de una cuidadosa observación.

Aunque las evidencias en favor de la teoría de los gérmenes fueron aumentando con los años gracias a los trabajos de otros pioneros como Ignaz Semmelweis o John Snow, seguía sin haber pruebas definitivas. Tuvo que llegar lo que conocemos como la edad de oro de la microbiología, entre mediados del siglo XIX y principios del XX, para que miasmas y humores fueran definitivamente sustituidos por microorganismos como causa de las enfermedades infecciosas.

Entre 1857 y 1870, el francés Louis Pasteur desmonta la idea de la generación espontánea: con una serie de cuidadosos experimentos, demuestra que son microorganismos presentes en el ambiente los responsables de la descomposición y contaminación de la materia orgánica. Sus trabajos establecen los fundamentos de la esterilización y de la pasteurización, tan importante hoy como técnica de conservación en la industria alimentaria. También demuestra el papel de microorganismos en la fermentación ácida (como la que da lugar al yogur) y alcohólica, además de otro gran número de estudios que contribuyen a sentar las bases de la microbiología como una ciencia moderna.

Basándose en algunos de los trabajos de Pasteur, el inglés Joseph Lister consigue, entre 1877 y 1878, obtener el primer cultivo puro de una bacteria, a la que denomina *Bacterium lactis*, implicada en la fermentación ácida de la leche. Por su parte, el alemán (prusiano, en aquella época) Robert Koch empieza en 1870 a obtener en su laboratorio bacterias a partir de tejidos procedentes de animales y personas enfermas. Junto con sus colaboradores, ensaya diversas técnicas para aislar y cultivar los microorganismos responsables de distintas enfermedades, empleando todo tipo de ingredientes, desde rodajas de patata cocida hasta extractos de carne solidificados con gelatina, para elaborar medios de cultivo. Aprovecha así la capacidad de muchas bacterias de multiplicarse rápidamente cuando están en las condiciones adecuadas y tienen suficientes nutrientes. Recordemos que las bacterias no tienen reproducción sexual, es decir, no necesitan dos progenitores para tener descendencia, sino que una célula va creciendo en tamaño, hasta llegar a un punto en que hace una copia de su material genético y se divide en dos (figura 1). De este modo, si hay suficientes nutrientes, en relativamente poco tiempo cada bacteria individual acaba dando lugar a lo que llamamos colonias, las cuales son visibles como pequeños botoncitos en la superficie de los medios de cultivo solidificados. Cada colonia contiene millones de descendientes de cada una de esas primeras células, en principio idénticas a la original, salvo que se hayan producido mutaciones (pero como diría Michael Ende, "eso es otra historia y deberá ser contada en otra ocasión"). Además, al venir cada colonia de una célula individual, este método nos permite hacer una estimación bastante fiable del número de bacterias que había en nuestra muestra de partida. Todo esto acelera mucho el trabajo, permitiendo obtener cultivos puros de distintos microorganismos, que además son a menudo fáciles de diferenciar por el aspecto y el color de las colonias que forman (e incluso por el olor), evitando la necesidad de depender constantemente del microscopio[1].

Inicialmente, el éxito de estos métodos fue desigual, hasta que dos elementos clave van a dar el impulso definitivo a las técnicas de Koch. Por un lado, el diseño por uno de sus colegas, el italiano Ricardo Petri, de unos recipientes planos de vidrio con tapa, que permitían evitar la contaminación de los medios de cultivo por bacterias y hongos del ambiente: lo que conocemos como placas de Petri (figura 1). Por otro lado, Fanny Hesse, esposa de otro de sus colaboradores, propone sustituir la gelatina por agar para solidificar los medios de cultivo. Formalmente, Fanny no era científica, pero ayudaba a su marido en el laboratorio. Su experiencia usando en algunas de sus recetas de cocina el agar, un agente gelificante que se extrae de ciertas algas, le hizo pensar que iba a funcionar mejor que la gelatina, demasiado blanda y que se licuaba con facilidad al cabo del tiempo. A día de hoy seguimos usando en

---

1. Aunque en paralelo se van a ir desarrollando técnicas de tinción para facilitar la observación de bacterias al microscopio e incluso para diferenciar algunas características. La más conocida, y en uso a día de hoy incluso para el diagnóstico rápido de algunas infecciones, es la tinción de Gram, puesta a punto por el bacteriólogo danés Hans Christian Gram en la década de 1880. Esta tinción permite distinguir dos grandes tipos de bacterias, según la composición de su pared celular. Las bacterias gram-positivas, que cuentan en su envuelta con una gruesa capa de un compuesto llamado peptidoglicano y quedan teñidas de color morado, y las bacterias gram-negativas, en las que esta capa es mucho más fina y aparecen de color rosa.

el laboratorio placas de Petri y agar como elementos de rutina en nuestro trabajo, aunque ahora las placas son casi siempre de plástico transparente.

Figura 1

En condiciones óptimas, muchas bacterias pueden multiplicarse a gran velocidad. La célula va creciendo hasta alcanzar un cierto tamaño. En ese momento duplica su material genético y se divide en dos células hijas, que repetirán el proceso. Este tipo de crecimiento, llamado exponencial, permite que, en algunas especies, la población se duplique cada 20-30 minutos hasta agotar los nutrientes. Eso supone que en varias horas pasamos de tener una sola célula a millones. En una placa de Petri como las que aparecen en la parte inferior podemos distribuir muestras diluidas, por ejemplo a partir de tejidos infectados, y observar la acumulación de bacterias procedentes de una sola, al formarse lo que llamamos colonias.

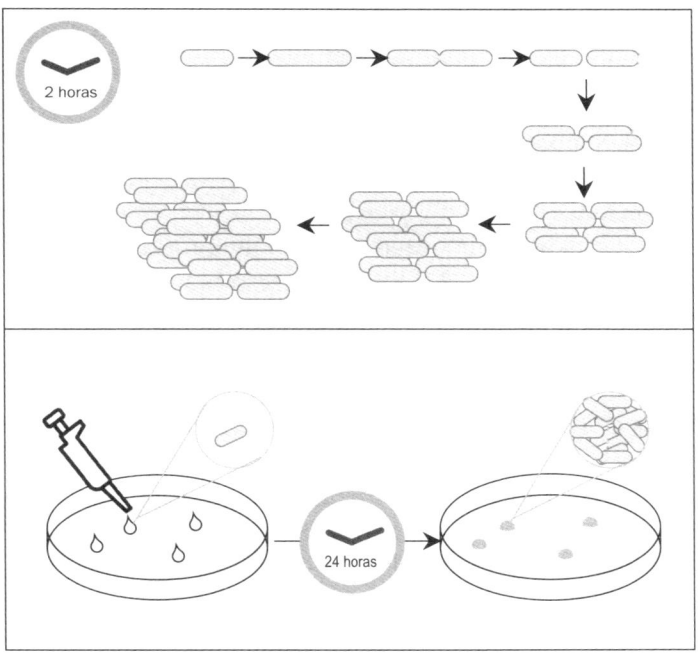

Así, Koch es capaz de identificar, entre otras, la bacteria causante de la tuberculosis, *Mycobacterium tuberculosis* (el bacilo de Koch), una auténtica epidemia en el siglo XIX en toda Europa. Los sucesivos éxitos en este empeño de aislar y cultivar en el laboratorio especies individuales e identificar a las responsables de las distintas infecciones permiten diseñar nuevos protocolos de higiene y salud pública, así como dar los primeros pasos para el tratamiento de enfermedades infecciosas. A finales del siglo XIX se empieza a experimentar con vacunas frente a distintas bacterias, con éxito desigual. En 1910 empieza a producirse el primer medicamento de síntesis química efectivo frente a la sífilis: un compuesto que contenía arsénico, identificado por Paul Ehrlich y conocido como "salvarsán" o "compuesto 606" (hubo que probar 605 sustancias con arsénico en su composición antes de dar con una que funcionase y no fuera tóxica para los ratones con los que se ensayaban estos compuestos). Aunque tendrá que llegar el descubrimiento de la penicilina por Alexander Fleming en 1928, y posteriormente otros tipos de antibióticos, para que realmente se pudiera contar con armas eficaces frente a las infecciones causadas por bacterias.

La relación entre Pasteur y Koch, una mezcla de admiración mutua, rivalidad y algún intercambio de exabruptos (algo a lo que posiblemente contribuyera la guerra francoprusiana de 1870-1871), daría casi para un libro entero. Quizás en otra ocasión. Por ahora, nos quedaremos con que sus trabajos permitieron establecer definitivamente la conexión entre seres microscópicos y enfermedades contagiosas, que será uno de los principales motores de la microbiología a partir de entonces. En esta época se produce además un claro cambio de paradigma, de manera que la figura del científico y descubridor solitario, predominante hasta entonces, va a ser gradualmente reemplazada por el trabajo en equipo desarrollado en centros especializados. De hecho, la fundación por parte de Pasteur y de Koch de sendos institutos de investigación supuso una forma de intentar dar continuidad a lo que ellos habían iniciado.

A estas alturas quizás te habrás dado cuenta de que no he mencionado a ningún científico español en este repaso rápido por los primeros tiempos de la microbiología. Aunque los avances de Pasteur, Koch y otros iban apareciendo en revistas médicas y periódicos españoles, la investigación en nuestro país iba un tanto rezagada, en general asociada a aspectos de salud pública, y a menudo a borbotones: cuando aparecía un brote de cólera, una epidemia de tifus o algún otro problema derivado de agentes infecciosos, causando sobresalto en la sociedad, los políticos se echaban las manos a la cabeza e impulsaban y financiaban las actividades científicas relacionadas. El resto del tiempo había otras prioridades y la ciencia quedaba relegada a acciones puntuales (¿de qué me suena esto?), y a menudo a expensas del empeño personal de algunos investigadores. Entre ellos, cabe reseñar al médico y bacteriólogo Jaime Ferrán, un pionero en el desarrollo de vacunas frente a enfermedades de origen bacteriano cuyos métodos, a veces poco ortodoxos, eran bastante polémicos.

En 1894 se decreta la creación del Instituto Central de Bacteriología e Higiene, pero la escasez de recursos económicos y las peleas entre profesionales médicos, veterinarios y farmacéuticos, y entre el gobierno y la Real Academia de Medicina, por quién debería tener las competencias sobre estos temas, hacen que apenas pase de ser un mero proyecto. En 1899, y tras la aparición de un brote de peste en Portugal, con el consiguiente miedo y alarma social entre la población de toda la península, se funda el Instituto de Sueroterapia, Vacunación y Bacteriología de Alfonso XIII (posteriormente Instituto Nacional de Higiene), cuya dirección estaría a cargo de Santiago Ramón y Cajal. En un local alquilado, con apenas ocho integrantes como personal científico y un presupuesto inicial bastante limitado (37 500 pesetas para equipamiento, material, adquisición de animales, gastos generales, etc.; por comparar, el sueldo del ministro era de 30 000 pesetas y el presupuesto de la Casa Real de más de nueve millones), el estudio de las bacterias empieza por fin a adquirir protagonismo institucional en nuestro país, décadas después de los primeros trabajos de Louis Pasteur.

Y en este punto puede surgir la siguiente pregunta: ¿no había más mujeres que Fanny Hesse en los laboratorios de la época? Pues había, pero no muchas, la mayoría como ayudantes o personal técnico y en general bastante ignoradas. Un ejemplo es el de la italiana Giuseppina Cattani, que junto a Guido Tizzoni realizó entre 1885 y 1891 estudios pioneros sobre el tétanos y su agente causal, *Clostridium tetani* (prima hermana de aquella relacionada con el bótox). Sus trabajos se vieron un tanto eclipsados por los de Shibasaburo Kitasato y Emil von Behring, cuyas contribuciones fueron sin duda fundamentales, pero que quizás también recibieron más atención por ser discípulos de Koch. Ambos estuvieron nominados al Nobel en su primera edición de 1901, aunque solo Von Behring recibió el premio[2]. Cattani, por su parte, fue la primera mujer en impartir clases de bacteriología en una universidad. Eso sí, sin sueldo durante bastante tiempo. A pesar de tener reconocimiento internacional, un gran nivel como investigadora y haber trabajado en prestigiosos laboratorios en Italia y el extranjero, nunca consiguió una plaza fija como profesora. Tras su tercer intento sin éxito por obtener la cátedra en Bolonia, además de una tentativa anterior en Turín, se hartó del mundo académico, abandonó la investigación y dedicó el resto de su carrera a la atención médica en un pequeño hospital. Los nombres de los ilustres profesores que nunca la consideraron apta para la cátedra no han pasado a la historia. El de Giuseppina Cattani sí, aunque, como otras

---

2. Posiblemente, en aquel momento ser hombre europeo daba más puntos que ser solamente hombre. Como curiosidad, su maestro y mentor Robert Koch también recibiría el Nobel, pero no sería hasta cuatro años más tarde, en 1905. Y un dato para verdaderos entusiastas de la microbiología: la imagen de Kitasato aparece en los billetes de 1000 yenes en circulación en Japón desde 2024.

tantas, con menos reconocimiento del que hubiera merecido. De hecho, no siempre la encontrarás en un texto de microbiología.

A finales del siglo XIX y principios del XX, y a medida que se producen avances cada vez mayores en el estudio de microorganismos, empiezan a aparecer también investigadores que se interesan por ellos más allá de la medicina o de sus posibles aplicaciones en la industria alimentaria. Surgen así los primeros trabajos en lo que hoy llamamos microbiología ambiental, con el ruso Sergei Winogradsky como uno de sus principales impulsores. Sus descubrimientos ponen de manifiesto el papel de diversas bacterias en procesos químicos en distintos hábitats, en particular participando activamente en los ciclos de elementos importantes para todos los seres vivos (carbono, nitrógeno, fósforo, etc.). Aunque Winogradsky también aísla e identifica varias especies bacterianas con técnicas similares a las de Lister y Koch, empieza a plantear la necesidad de estudiar los microorganismos en condiciones lo más parecidas a sus ambientes naturales, donde se van a encontrar formando comunidades con distintas especies. Un ejemplo de estas ideas es la llamada columna de Winogradsky, que todavía hoy se sigue utilizando como recurso didáctico en microbiología: un cilindro transparente en el que se incorpora fango y agua, con materia orgánica que proporciona carbono y nitrógeno y alguna fuente de azufre. A lo largo del tiempo se puede observar el crecimiento de microorganismos diferentes en distintas capas de la columna en función de su metabolismo, necesidades de oxígeno o luz, etc. Sirve como modelo de ecosistema microbiano y da una idea de cómo las bacterias intervienen en los ciclos biogeoquímicos, es decir, el reciclado de elementos químicos.

En una línea similar, el holandés Beijerinck hace también durante esa época notables contribuciones en cuanto al papel de los microorganismos en el medioambiente. Beijerinck tenía una bien ganada fama de persona arisca, era impopular entre sus estudiantes, a los que abroncaba con frecuencia, y consideraba el matrimonio como un obstáculo al trabajo de investigación. A pesar de ser poco apreciado por sus colegas y discípulos, sus aportaciones científicas fueron fundamentales para el desarrollo de la microbiología: identifica bacterias implicadas en los ciclos del nitrógeno y del azufre, y diseña nuevos métodos para aislar microorganismos del suelo. También descubre y cultiva bacterias que viven en simbiosis con plantas leguminosas y que son capaces de captar el nitrógeno atmosférico y "compartirlo" con la planta. Estas bacterias, conocidas genéricamente como rizobios, forman unos nódulos en la raíz, donde las células sufren cambios fisiológicos y realizan la fijación de nitrógeno. Un descubrimiento que ha sido esencial en la agricultura, y que contribuyó a abrir un nuevo campo de investigación: la interacción entre bacterias y plantas. En este ámbito merece la pena destacar también el papel del estadounidense Thomas Burrill, quien en 1880 se convierte en el primero en identificar una bacteria como responsable de una enfermedad vegetal, lo que llamamos fuego bacteriano, que afecta a árboles frutales, especialmente peral y manzano.

Los trabajos de Winogradsky, Beijerinck y otros investigadores en las primeras décadas del siglo XX empezaron a desvelar la enorme diversidad microbiana existente. Pero tendrán que llegar las técnicas de biología molecular, y en especial los espectaculares avances en la secuenciación masiva de material genético de estos últimos diez años, que nos permiten obtener información sin necesidad de cultivar bacterias, para darnos cuenta del hecho de que hay muchos más microorganismos ahí fuera (y en nuestro propio cuerpo) de los que somos capaces de aislar en el laboratorio. Y también para descubrir que las bacterias están presentes en todo tipo de ambientes, incluyendo algunos muy extremos, desde los mares helados de la Antártida hasta los desiertos más áridos del planeta.

Según avanza el siglo XX y los microbiólogos empiezan a afeitarse las barbas de finales del XIX, algunas bacterias van a ser protagonistas de los primeros estudios de genética usando organismos modelo: inicialmente *Streptococcus pneumoniae* y posteriormente *Escherichia coli*. Esta última acabará convirtiéndose en una herramienta fundamental en laboratorios de todo el mundo. Tanto, que al menos 18 personas galardonadas con el Nobel le deben —directa o indirectamente— su premio. Esta bacteria y otras relacionadas son residentes habituales de nuestro intestino y generalmente inofensivas, pero hay variantes patógenas que causan diarreas muy severas.

Aquí debería explicar el concepto de cepa bacteriana, y es que en algunas especies puede haber variantes inocuas y otras que causen enfermedades, o especies en las que encontramos unas que son beneficiosas para las plantas y otras que no. Estas variantes son lo que llamamos cepas; pertenecen a la misma especie, pero algunas características pueden variar. Es algo similar a lo que ocurre con los perros: son de la misma especie, pero unas razas son dóciles y adorables y otras pueden ser territoriales y agresivas, a pesar de que las diferencias entre ellas son mínimas a nivel genético. En el caso de la bacteria *Escherichia coli*, por ejemplo, se han usado como modelo en el laboratorio cepas inofensivas para toda la investigación básica de genética y fisiología, y también para aplicaciones biotecnológicas. Sin embargo, hay cepas de esta bacteria que pueden provocar graves infecciones e incluso la muerte. Las diferencias se deben a la adquisición o pérdida de determinados genes implicados en procesos de virulencia.

Los estudios de genética bacteriana se van a ir poco a poco incorporando a la investigación en microbiología, que se especializa cada vez más en varios caminos. Por una parte, lo que podríamos llamar bacteriología clínica, incluyendo aspectos que van a permitir aumentar la esperanza de vida, reduciendo la incidencia de enfermedades infecciosas y la mortalidad debida a ellas, como la salud pública, la higiene y la búsqueda de nuevos antibióticos. Por otra, estudios con un enfoque más ambiental, siguiendo el ejemplo de Winogradsky, y también agrario (analizando el efecto de bacterias en cultivos, por un lado, y en animales de granja, por otro). Una tercera rama se va a centrar en el aprovechamiento de actividades microbianas para el desarrollo de aplicaciones biotecnológicas, especialmente en la industria alimentaria, pero también en otros procesos industriales. Finalmente, la genética microbiana, que durante mucho tiempo servirá como modelo para los seres vivos en general; en palabras del premio nobel francés Jacques Monod: "Lo que es cierto para *Escherichia coli* debe ser cierto para el elefante" (refiriéndose al funcionamiento de los genes y cómo se regulan).

Durante buena parte del siglo XX, estas disciplinas van a desarrollarse relativamente desconectadas entre sí. Hasta que nos empezamos a topar con algunos fenómenos que son comunes y relevantes en microbiología clínica, ambiental y biotecnología, y que además rompen con la visión tradicional de las bacterias como organismos unicelulares simples cuya única misión es multiplicarse, causar enfermedades, servir como herramientas o llevar a cabo reacciones químicas peculiares. De esos fenómenos vamos a hablar en los próximos capítulos.

CAPÍTULO 2

Biopelículas (*biofilms*): la unión hace la fuerza

A veces, pocas, aparece en los medios alguna noticia relacionada con bacterias. Casi siempre tiene que ver con algo malo: infecciones, casos de intoxicación alimentaria, legionelosis… La noticia suele venir acompañada de una ilustración con tres o cuatro bacterias que parecen estar nadando, o una imagen obtenida mediante microscopía electrónica de unas pocas células. Sin embargo, en la naturaleza, las bacterias no suelen vivir como células individuales aisladas, sino que se encuentran habitualmente formando comunidades multicelulares, a menudo asociadas a superficies, y frecuentemente embebidas en una capa de material más o menos mucoso que las protege. Los primeros en darse cuenta de este hecho fueron microbiólogos que estudiaban el medio acuático. En 1933, Arthur T. Henrici, de la Universidad de Minnesota, describía con cierta sorpresa en un artículo científico cómo, al mantener sumergidos en un acuario pequeños rectángulos de vidrio —lo que en microscopía se conoce como portaobjetos—, pronto aparecía en su superficie una película mucosa. Tras teñirla y observarla al microscopio, podía apreciarse la presencia de bacterias, cuyo número iba aumentando con el tiempo, hasta que resultaba difícil distinguir células individuales. Estas observaciones y otras similares realizadas en lagunas y lagos naturales llevaron a Henrici a afirmar: "Es bastante evidente que, en su mayor parte, las bacterias acuáticas no están flotando libremente, sino que crecen asociadas a las superficies sumergidas". En años posteriores, otros microbiólogos, como Claude ZoBell, llegan a conclusiones similares y realizan unos primeros intentos para averiguar qué mecanismos permiten a las bacterias adherirse a superficies sólidas.

Aunque esta idea va a estar más o menos presente desde entonces en estudios de microorganismos acuáticos, su relevancia pasa casi desapercibida para la mayor parte de la comunidad científica. No es extraño, recordemos que en ese momento y durante las décadas posteriores, el interés principal por las bacterias, aparte de su papel en enfermedades, es usarlas como herramienta para conocer los elementos básicos del funcionamiento de las células: dónde se almacena la información genética y cómo se procesa, las reacciones bioquímicas asociadas al metabolismo y qué mecanismos regulan todo ello. No será hasta finales del siglo XX en que la importancia de la formación de comunidades bacterianas asociadas a superficies empieza a hacerse evidente.

El término *biofilm* ('biopelícula' en español, aunque me voy a permitir la licencia de usar indistintamente ambos a lo largo del texto) había sido acuñado alrededor de 1975 para referirse al crecimiento microbiano que se observa habitualmente en filtros de depuración de agua. Será el canadiense Bill Costerton quien, a finales de la década de 1980, emplee ya esa palabra de forma habitual para hablar de poblaciones de bacterias asociadas a superficies sólidas y comience a poner de manifiesto su relevancia, convirtiéndose en uno de los pioneros de su estudio. A partir de ese momento empieza a surgir un interés cada vez mayor por entender los mecanismos que permiten a las bacterias colonizar superficies y formar poblaciones multicelulares sobre ellas, no solo como estrategia de supervivencia microbiana en todo tipo de ambientes, sino también por su enorme impacto en medicina y en numerosas actividades humanas, tal como veremos en detalle más adelante. Así, el estudio de las biopelículas pasa de ser algo casi anecdótico a convertirse en una de las principales áreas de investigación en microbiología de las últimas dos décadas.

Entendemos generalmente por *biofilm* una población de células bacterianas adheridas a una superficie y embebidas en una matriz de sustancias extracelulares que producen las propias bacterias y que protege a la población frente a condiciones adversas. Normalmente hablamos de superficies sumergidas en un medio líquido, pero también se emplea el término para referirse a las películas que algunas bacterias forman en la interfase entre el líquido y el aire. Los *biofilms* pueden formarse no solo sobre materiales inertes (lo que llamamos superficies abióticas), sino también sobre tejidos vivos (o superficies bióticas), como es el caso de la placa dental o de bacterias que se asocian a la raíz de plantas. Algunos autores incluso consideran las colonias que veíamos en el capítulo 1 como una forma de biopelícula. Ejemplos de estas poblaciones aparecen en la figura 2.

Aunque existen diferencias importantes a nivel molecular, a simple vista (o más bien a vista de microscopio), el proceso general de formación de una biopelícula es similar en la mayoría de las especies bacterianas en las que se ha estudiado, y es el que aparece esquematizado en la figura 3. Inicialmente, algunas bacterias van a entrar en contacto con una superficie. En la mayoría de los casos el contacto se produce gracias a su capacidad de nadar activamente, aunque también puede ser un proceso pasivo en el que las células se depositan sobre la superficie. A menudo, esta primera unión se produce a través del propio flagelo, el apéndice que permite a muchas bacterias nadar en medios líquidos (si has visto vídeos de espermatozoides nadando para intentar alcanzar el óvulo, te puedes hacer una idea aproximada de cómo funcionan los flagelos).

Figura 2
Ejemplos de poblaciones multicelulares bacterianas. Se observan colonias en una placa de Petri a simple vista (1), o con más detalle con ayuda de una lupa (2), gracias a que cada colonia está formada por millones de células bacterianas. También a simple vista es posible apreciar una película bacteriana formada en la interfase aire-líquido (3). Por su parte, técnicas como la microscopía electrónica de barrido permiten observar con detalle microcolonias y células individuales adheridas a una superficie, en este caso de vidrio (4), o colonizando la superficie de la raíz de una planta (5).

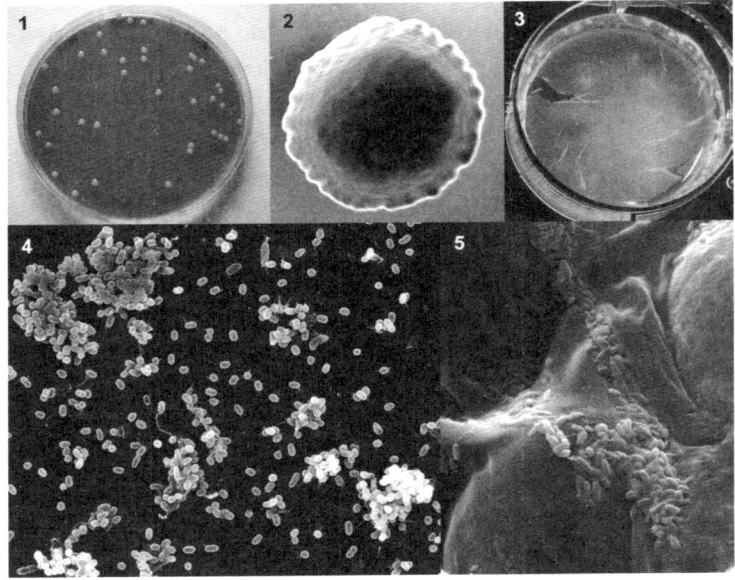

Esta fase suele denominarse adhesión reversible, porque muchas de las células permanecen unos instantes sobre la superficie sólida para luego despegarse de ella y continuar su camino. Sin embargo, otras células no vuelven a la vida libre o planctónica (es decir, a seguir nadando en el medio líquido), sino que se quedan asociadas a la superficie, especialmente si esta se encuentra en un hábitat con nutrientes suficientes y condiciones ambientales favorables. Esta etapa es lo que se conoce como adhesión irreversible. El nombre es un poco engañoso, porque parece que ya nunca más podrán despegarse, pero sirve para diferenciar aquellas células que van a dar lugar finalmente a la biopelícula. Estas células van a dividirse y agruparse, y pueden también desplazarse sobre la superficie, reclutando más bacterias para formar pequeños agregados de unas cuantas células (es lo que se aprecia en la imagen 4 de la figura 2). Finalmente, estos grupos, o microcolonias, darán lugar a lo que se conoce como *biofilm* maduro, en el que las células quedan embebidas en una matriz de polímeros producidos por ellas mismas, que ayuda a formar la estructura tridimensional de la biopelícula y protege a las bacterias frente a agentes externos. Cuando las condiciones ambientales se vuelven desfavorables, o los nutrientes empiezan a escasear, el *biofilm* comienza a dispersarse.

Figura 3

Etapas de formación de una biopelícula bacteriana. Las bacterias están dibujadas con un solo flagelo, pero hay especies que presentan un penacho con varios flagelos, o que los tienen distribuidos de forma lateral, y también hay bacterias que carecen de flagelos y emplean otros tipos de movimiento.

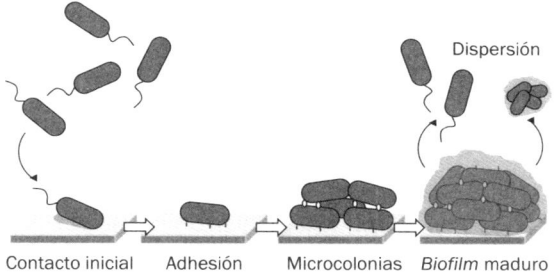

Dispersión

Contacto inicial   Adhesión   Microcolonias   *Biofilm* maduro

A finales de la década de 1990, distintos grupos de investigación empezaron a interesarse por analizar en detalle los mecanismos moleculares asociados a estas etapas sucesivas, descubrir los genes que estaban implicados y cómo se regulaba todo el proceso. De esos primeros momentos cabe reseñar a Roberto Kolter, en la Universidad de Harvard, uno de los primeros en darse cuenta de la importancia de estudiar las bases genéticas de la formación de biopelículas bacterianas y por cuyo laboratorio pasaron personas que están entre las más destacadas en la investigación de este ámbito, como George O'Toole, profesor en Dartmouth College (EE UU), uno de los investigadores que más han contribuido a conocer los detalles moleculares de la vida multicelular bacteriana.

Cuenta la leyenda (escrita por él mismo) que a Kolter se le ocurrió empezar a investigar los genes relacionados con la formación de biopelículas observando cómo poco a poco se depositaba una capa turbia en las paredes del acuario que tenía en su despacho, mientras el agua seguía estando transparente. También cuenta otra leyenda que Bill Costerton decía, a quien quisiera escucharlo (y también está por escrito), que mientras Roberto miraba sus peces, él y otros llevaban ya dos décadas estudiando los *biofilms*. Egos aparte, lo cierto es que gracias a ellos y a las personas que se formaron en sus laboratorios, así como a otro buen número de investigadores, incluyendo por ejemplo a los españoles Iñigo Lasa y Cristina Solano, hoy conocemos con bastante precisión los elementos moleculares que participan en la colonización de superficies por diferentes bacterias y vamos entendiendo mejor cómo se regula el proceso de formación de un *biofilm*. Veamos algunos de estos aspectos con más detalle.

Primer paso: buscar un buen terreno para poner los cimientos

Quizás te estés preguntando: ¿cómo saben las bacterias que hay una superficie cerca y que ese es un buen lugar para establecerse? Podemos pensar que simplemente van nadando por ahí y algunas chocan por pura casualidad. De hecho, hay modelos matemáticos que permiten simular la formación de un *biofilm* como una sucesión de eventos en los que se depositan células al azar sobre un plano, como si se dejasen caer bolitas pegajosas dentro de un tarro, y el flujo de líquido y los nutrientes determinan la forma que adopta la población multicelular según va creciendo.

Pero estos modelos no dejan de ser una simplificación de la realidad. En parte puede que el azar juegue un papel, pero también hay muchos indicios de que las bacterias son capaces de detectar la presencia de una superficie y que eso desencadena la formación de la biopelícula. En el caso de superficies bióticas, sabemos que en ellas se producen determinados compuestos químicos que pueden actuar como atrayentes para las bacterias. Así, por ejemplo, las raíces de las plantas liberan moléculas tales como aminoácidos (los bloques a partir de los que se forman las proteínas) o ácidos orgánicos (como el ácido cítrico, por ejemplo) que sirven de nutrientes para las bacterias, las cuales a su vez cuentan con receptores que les permiten percibirlos. Dado que son moléculas de pequeño tamaño, pueden difundirse por el medio (suelo, agua, etc.), generando un gradiente de concentración, mayor cuanto más cerca de la raíz y que va disminuyendo al alejarse. La célula bacteriana, al percibir la presencia de algunas de estas moléculas, se mueve preferentemente en la dirección en la que va aumentando su concentración. El sistema sería algo así como un detector de metales como los que alguna vez ves a gente usando en la playa, que pita más cuanto más cerca está de esa moneda enterrada en la arena y menos al irse alejando, de manera que se puede ir rastreando hasta dar con el origen de la señal. Este mecanismo se conoce como quimiotaxis positiva. Existe también la quimiotaxis negativa, en la que determinados compuestos, generalmente tóxicos, provocan un movimiento en dirección opuesta a la zona donde hay más concentración.

Se ha demostrado que estos sistemas de quimiotaxis son importantes para iniciar la colonización de distintos tipos de superficies bióticas. Tiene sentido si se piensa que la propia superficie puede ser una fuente de nutrientes accesible para las bacterias. Como en un bar, cuanto más cerca estés de la barra, más probable es que la tapa te llegue rápido. Es cierto que, en el caso de las raíces de plantas, por ejemplo, el suelo no parece el hábitat más indicado para nadar en dirección a ningún sitio, pero hay que pensar en la escala: si eres del tamaño de una bacteria, puedes aprovechar los pequeños canales de agua que se forman entre las partículas de suelo en condiciones en las que hay suficiente humedad. Además, existen otros tipos de movimiento, como veremos un poco más adelante, que pueden permitir el desplazamiento incluso sobre material sólido.

Cuando se trata de superficies inertes, o abióticas, el mecanismo está mucho menos claro. Costerton especulaba que las bacterias son capaces de detectar su proximidad a una superficie o a la interfase líquido-aire "calculando" de algún modo la difusión de moléculas señal, o incluso de protones, liberadas por ellas mismas. Aunque se ha descrito un sistema compuesto por varias proteínas que podrían actuar como sensores de superficies, la verdad es que a día de hoy todavía sabemos poco de cómo funciona en realidad este sistema. Lo que sí se ha comprobado es que el contacto con la superficie promueve la síntesis de elementos que participan en la adhesión y la formación de la biopelícula. Esto sugiere que efectivamente existe algún mecanismo que permite identificar el sitio adecuado y poner en marcha el programa para colonizarlo. Esto, junto con otras muchas evidencias que vamos a ir detallando, hace pensar que la vida multicelular sobre superficies no es ni mucho menos algo excepcional, sino intrínseco al ciclo de vida de las bacterias. Por supuesto, hay también factores fisicoquímicos que van a influir sobre la adhesión y formación del *biofilm*, como pueden ser el flujo de líquido y su turbulencia, la rugosidad de la superficie, su carga eléctrica, su composición química o la presencia de compuestos tóxicos. Así, aunque las bacterias tengan la programación genética necesaria para ello, las condiciones ambientales van a ser determinantes a la hora del establecimiento de una biopelícula.

Construir y mantener la casa

El mecanismo que permite a las bacterias adherirse varia en función de las especies e incluso de cepas dentro de una especie, y también puede depender del tipo de superficie que va a ser colonizada. Aun así, hay algunos elementos que son comunes en la mayoría de los casos, aunque de algunas especies bacterianas sabemos mucho más que de otras, de manera que lo que cuento a continuación no tiene por qué ser siempre igual.

Como he mencionado antes, el flagelo, el apéndice que permite a las bacterias nadar, fue uno de los primeros elementos que se identificaron como importantes para la adhesión inicial a superficies, tanto abióticas como bióticas. Observando al microscopio, se puede apreciar que ciertas bacterias interaccionan con la superficie a través de este apéndice en los primeros momentos, en la etapa de adhesión reversible. Sin embargo, esto no es universal; de hecho, en algunas especies, bacterias que mantienen intactos sus flagelos pero presentan alguna mutación que les impide moverlos, son menos eficientes a la hora de colonizar, lo que indica que en esos microorganismos lo importante es el movimiento y no tanto la interacción del flagelo en sí con la superficie. Lo que sí parece más general es que la movilidad flagelar permite a las bacterias vencer fuerzas electrostáticas de repulsión que se generan en la interfase entre el líquido y la superficie.

Normalmente, el paso de adhesión reversible a irreversible conlleva la pérdida del flagelo por parte de las células una vez que, por así decir, han decidido quedarse. En muchos casos, esta unión estable a la superficie tiene lugar a través de unas proteínas denominadas adhesinas, que la bacteria produce y exporta al exterior, quedando asociadas a su envuelta celular. Suelen ser proteínas de gran tamaño, cuya estructura se organiza en módulos compuestos por una secuencia de aminoácidos repetida de forma casi idéntica, como si alguien se hubiera dedicado a juntar sesenta piezas de Lego seguidas, pero intercalando de vez en cuando algunas de distintos colores o con una forma ligeramente diferente. Este tipo de proteínas se encuentra ampliamente distribuido en una gran diversidad de especies, aunque pueden variar mucho en tamaño, número de repeticiones y composición. Pero todo indica que es una estrategia bastante común para iniciar la colonización de superficies.

Se han descrito otros elementos más complejos que participan en la adhesión, como son los llamados pili (plural de *pilus*, 'pelo' en latín, nombre derivado del aspecto que tienen al observarlos en un microscopio electrónico), unos apéndices formados por múltiples copias de una misma proteína, los cuales además permiten a las células desplazarse sobre un plano sólido a base de extenderlos y retraerlos. Además de servir para la adhesión, los pili contribuyen con este movimiento, denominado *twitching* (que podríamos traducir como 'contracción'), a que las bacterias se encuentren y se agreguen entre sí, formando las microcolonias que aparecen como etapa intermedia en la formación de la biopelícula.

Llama la atención que este tipo de estructuras basadas en módulos repetidos parece ser un recurso común en relación a la unión a superficies y la formación de biopelículas. Así, aparte de adhesinas o pili, en algunas especies también encontramos otro tipo de apéndices compuestos por fibras de proteínas denominadas amiloides, que pueden contribuir a colonizar superficies en determinadas condiciones ambientales. Para hacerte una idea aproximada de cómo son estas macromoléculas, imagina trozos de papel del mismo tamaño que fueras doblando en forma de acordeón y que unieras entre sí muchos trozos, hasta formar una tira larga, para luego juntar dos de estas tiras retorciéndolas un poco, como haciendo una trenza. Curiosamente, estas fibras amiloides que se conocen como curli (del inglés *curl*, 'rizo') son muy parecidas a las que se relacionan con enfermedades como el alzhéimer en humanos.

En otro tipo de bacterias, las principales responsables de la adhesión son moléculas denominadas exopolisacáridos. Se trata esencialmente de azúcares muy complejos que se sintetizan en el interior celular a partir de moléculas más sencillas, como la glucosa; posteriormente pueden modificarse, por ejemplo, asociándose a determinados aminoácidos, para ser finalmente transportados al exterior de la célula (de ahí lo de 'exo'). En la mayoría de las especies, los exopolisacáridos son el componente mayoritario de la matriz extracelular en biopelículas ya maduras, es decir, el armazón que rodea y protege a la población de células. La celulosa, como la del papel de este libro, es uno de estos polisacáridos. Está compuesta por moléculas de glucosa, y aunque solemos asociarla con las plantas, hay muchas bacterias capaces de producirla (a veces con ligeras modificaciones), formando largas fibras que actúan como elemento estructural de ese esqueleto que envuelve a la biopelícula.

Algunas bacterias producen solamente un tipo de exopolisacárido, pero es frecuente que puedan sintetizar más de uno, y hay casos en los que se han descrito hasta cuatro diferentes, aunque no se suelen producir todos al mismo tiempo ni en la misma cantidad. Cada uno va a jugar un papel más o menos importante en función del tipo de superficie a colonizar y de las condiciones ambientales. Así, por ejemplo, en una cepa de *Pseudomonas putida*, con la que trabajamos habitualmente en el laboratorio y que es beneficiosa para las plantas, hay cuatro exopolisacáridos (la celulosa es uno de ellos). Todos contribuyen a que esta bacteria colonice la superficie de la raíz y forme biopelículas sobre ella, pero su relevancia relativa puede variar en función de la planta a colonizar o de las condiciones ambientales. En cambio, solo dos parecen ser importantes para dar estabilidad al *biofilm* en superficies abióticas, mientras que hay otro, el alginato, que es importante para la supervivencia frente a determinadas situaciones de estrés, como la desecación de las células que tiene lugar al reducirse mucho la humedad ambiental.

Además de exopolisacáridos, la matriz extracelular contiene también proteínas, incluyendo las propias adhesinas, que a menudo contribuyen a la unión entre bacterias (y no solo con la superficie), y también pueden interaccionar con los exopolisacáridos. En muchos casos, incluso se ha encontrado ADN como componente de la matriz, el cual de algún modo es expulsado al exterior de las células. Algunos autores indican que se trata de un proceso activo, pero también podría ser el resultado de la muerte de algunas bacterias, cuya ruptura causaría la liberación de material genético. Su función parece ser la de aumentar la estabilidad a través de su interacción con proteínas y exopolisacáridos. Toda esta combinación de macromoléculas permite a los *biofilms* consolidar y mantener su estructura tridimensional, cuya forma y tamaño puede variar en función de las condiciones ambientales. Junto a su papel estructural, esta matriz extracelular contribuye a retener agua y otros compuestos, así como a proteger a las células frente a agentes nocivos externos. También dificulta el ataque de protozoos u otros microorganismos que se alimentan de bacterias.

Hasta ahora te he presentado las biopelículas como poblaciones homogéneas formadas por bacterias de una misma especie. Esto es así porque en el laboratorio solemos estudiar lo que ocurre con una cepa particular de una especie determinada. Es una forma de simplificar para poder profundizar y conocer con más detalle los mecanismos moleculares que intervienen en el proceso. Sin embargo, no es raro que los *biofilms* naturales estén formados por comunidades de varias especies. Es el caso, por ejemplo, de la placa dental, en la que además se ha visto que la colonización se produce siguiendo un cierto orden: hay especies que son las "pioneras", las que se establecen inicialmente, y sobre ellas se van reclutando las demás. También es frecuente encontrar biopelículas formadas por varias especies en otros ambientes, como pueden ser tanques de depuración de aguas residuales, donde además unas bacterias se benefician del metabolismo de otras y la combinación de especies facilita la eliminación de compuestos contaminantes. Existen cada vez más ejemplos de este tipo de interacciones. Incluso pueden formarse biopelículas compuestas por bacterias y hongos como *Candida albicans* (responsable de la candidiasis). Por el contrario, se dan casos de bacterias "xenófobas", por así decir: una vez formado el *biofilm*, la población asociada a la superficie protege sus dominios produciendo moléculas que impiden a nuevas bacterias (incluso de su propia especie) establecerse. Todavía nos queda mucho por conocer de las interacciones entre distintas especies en poblaciones multicelulares, y es uno de los ámbitos en los que se está poniendo el foco en la investigación sobre biopelículas.

¿Es hora de mudarse?

De todo el ciclo de vida de una biopelícula, la de dispersión es probablemente la etapa de la que sabemos menos detalles a nivel molecular. En algunos casos se trata de un proceso meramente mecánico, en el que se desprenden pequeños fragmentos conteniendo múltiples bacterias de la zona más externa del *biofilm*. Esto es típico de situaciones en las que hay un flujo rápido o turbulento de líquido, que arrastra trozos de la biopelícula cuando esta crece en exceso. Sin embargo, es frecuente que la dispersión sea en forma de células individuales que se "reprograman" para volver de nuevo al estilo de vida libre y buscar otro nicho que colonizar, cuando las condiciones ambientales se vuelven desfavorables para la vida en comunidad (si empiezan a escasear los nutrientes, por ejemplo). También es bastante habitual que la dispersión no sea completa y queden células adheridas a la superficie, que podrían reconstruir el *biofilm* si la situación vuelve a ser favorable. Veremos la importancia de esto en el último capítulo.

Para poder dispersarse, las células tienen que liberarse de la matriz que envuelve al biofilm. Aunque no tenemos bien definida la secuencia de eventos, sí contamos con evidencias de lo que sucede, y hay ejemplos concretos de ciertas bacterias en las que se ha analizado en detalle alguno de los mecanismos moleculares mediante los que se despegan de la superficie. Así, por ejemplo, para determinadas adhesinas existe otra proteína que actúa sobre ellas a modo de "tijeras". Estas proteínas capaces de romper otras se denominan proteasas. En este caso se trata de una proteasa específica, es decir, que su función parece ser exclusivamente la de reconocer un sitio concreto de la secuencia de la adhesina y romperla por ahí, dejando la mayor parte de la molécula asociada a la superficie y una parte más pequeña (lo que se conoce como módulo de retención) unida a la bacteria, la cual puede así desprenderse para volver a la vida unicelular. Algo así como cortar la soga que mantiene amarrada una barca al puerto.

En ciertas especies también se ha observado que algunas células de las capas más externas de la biopelícula recuperan el flagelo y comienzan a rotar sobre sí mismas, casi como si intentasen "desatornillarse", para finalmente liberarse y volver a la vida unicelular. Esto podría producirse en respuesta a la escasez de nutrientes. Sin embargo, el movimiento flagelar requiere energía, y si no hay nutrientes, ¿de dónde sale esa energía? Se ha especulado que las bacterias comienzan a consumir material de la matriz extracelular para obtenerla: al fin y al cabo, los exopolisacáridos son polímeros formados por azúcares, que pueden ser metabolizados. Aunque se han descrito enzimas capaces de degradar exopolisacáridos, en general apenas se han estudiado en el contexto del ciclo de vida natural de una población bacteriana. Más bien, se han ensayado como herramientas biotecnológicas, purificándolas a partir de unos microorganismos para intentar eliminar con ellas *biofilms* formados por otros. Y es que, como verás más adelante, la búsqueda de métodos para disgregar biopelículas o evitar que se formen es una de las prioridades en la investigación en biomedicina.

Regulación: controlando a los obreros

Tanto la formación como la dispersión de una biopelícula son procesos que no ocurren simplemente al azar, sino que están regulados de forma muy precisa. Es lógico que sea así, si pensamos que producir todas esas moléculas complejas para adherirse y sustentar la biopelícula es costoso para las células, energéticamente hablando. De hecho, no se sintetizan todas a la vez ni se están generando constantemente, sino que su producción depende tanto de las condiciones ambientales como del estado metabólico de las bacterias.

¿Quién se encarga de controlar esto? En muchas bacterias se ha identificado una molécula, el diguanilato cíclico (abreviado di-GMPc), con un papel fundamental en la regulación de los *biofilms*. Esta molécula actúa en el interior de las células bacterianas como lo que llamamos segundo mensajero, es decir, que se ocupa de "transmitir órdenes" en respuesta a determinados estímulos, para que se activen unos procesos celulares y no otros. En general, una elevada cantidad de di-GMPc en las células estimula la adhesión y desencadena la entrada en el estilo de vida multicelular, mientras que la destrucción de este segundo mensajero aumenta la movilidad de las bacterias y favorece la dispersión del *biofilm*.

El mecanismo por el que esta molécula puede modular dichos procesos es complejo y funciona a distintos niveles (figura 4). Por una parte, el di-GMPc se une a una proteína reguladora, denominada FleQ. La unión provoca cambios en la estructura tridimensional de dicha proteína, lo que a su vez modifica la forma en que se une a secuencias específicas de ADN, dando lugar a la activación de genes correspondientes a la producción de adhesinas o exopolisacáridos, mientras que se bloquean genes necesarios para la formación y movimiento de los flagelos. A escala molecular es un mecanismo bastante complejo, que no ha estado del todo claro hasta hace muy poco. Por otro lado, el di-GMPc puede también unirse a otras proteínas y modular su actividad, por ejemplo, enzimas directamente relacionadas con la producción de exopolisacáridos como la celulosa, de manera que al aumentar los niveles de segundo mensajero aumenta también la síntesis de estos polímeros. Además, el di-GMPc controla, indirectamente, la funcionalidad de la proteasa que actúa sobre ciertas adhesinas, de la que hablaba en el apartado anterior, de manera que determina el que se produzca o no el consiguiente desanclaje de la bacteria de la superficie.

Los niveles de di-GMPc dependen de dos tipos de enzimas: las diguanilato ciclasas, encargadas de sintetizarlo, y las fosfodiesterasas, responsables de romper la molécula de segundo mensajero. Aunque los nombres son lo de menos, la idea es que, en respuesta a determinados estímulos se va a activar la producción de di-GMPc, mientras que otros estímulos dan lugar a su eliminación, y todo esto va a determinar el estilo de vida de la población bacteriana, como células individuales de vida libre o como comunidad multicelular asociada a una superficie. ¿De qué estímulos estamos hablando en cada caso? Todavía nos queda mucho por conocer en este sentido, pero se han ido identificando moléculas que funcionan como señales y que favorecen la formación o dispersión de *biofilms*, alterando los niveles de segundo mensajero.

Figura **4**

El di-GMPc regula la formación de biopelículas a través de su
unión a FleQ, que activa la expresión de genes de adhesinas
y exopolisacáridos y bloquea la de genes de síntesis del flagelo.
En algunas bacterias, la unión al segundo mensajero también
hace que la proteasa que corta las adhesinas se quede unida
a otra proteína (1), que impide su actividad. Además, la unión
del di-GMPc a enzimas implicadas en la producción de
exopolisacáridos (2) hace que estas funcionen. Todo ello
contribuye a que las bacterias pasen al estilo de vida
multicelular, formando una biopelícula. En ausencia
del segundo mensajero, FleQ activa los genes de síntesis
del flagelo y deja de activar los genes de adhesinas
y exopolisacáridos. Además, la proteasa queda libre
y las enzimas de producción de exopolisacáridos dejan
de funcionar.

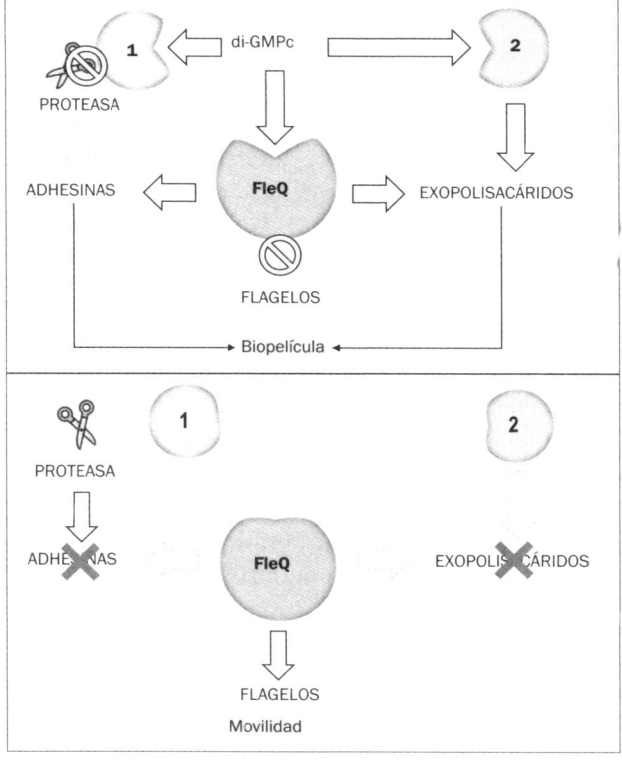

En varias especies se ha comprobado que determinados aminoácidos específicos causan un incremento del di-GMPc y estimulan la adhesión de algunas especies bacterianas, mientras que otros pueden tener el efecto contrario. Uno de los aminoácidos que tiene un papel destacado en distintas especies es la L-arginina. Aparte de que se pueda encontrar en la parafarmacia como suplemento alimenticio, es una molécula muy interesante a nivel del metabolismo bacteriano. Además de ser uno de los "ladrillos" para construir proteínas, puede servir como fuente de carbono, nitrógeno y energía para las células, y es la precursora de otras moléculas denominadas poliaminas, que tienen un papel importante en la respuesta frente al estrés oxidativo. Hay evidencias de que la L-arginina funciona tanto como señal externa, es decir, que las células detectan y responden ante la presencia de aminoácido en el medio, como de sensor interno del estado metabólico de las bacterias. Como el indicador que va mostrando cuánto combustible (o batería) le queda al coche.

Curiosamente, en algunos casos, la L-arginina también modula la actividad de una fosfodiesterasa (las proteínas que se ocupan de degradar el di-GMPc), que se activa en *biofilms* maduros en condiciones de escasez de nutrientes. Es decir, que la formación, mantenimiento y dispersión de una biopelícula no solo depende de lo que pasa en el exterior, sino también del propio metabolismo celular. En algunas bacterias se han identificado también otros tipos de señales externas que influyen sobre la síntesis de di-GMPc y la formación de biopelículas. Por ejemplo, la concentración de sal en el medio en el que se encuentren, la presencia de otros microorganismos o la iluminación con luz azul pueden activar la producción de segundo mensajero en distintas especies.

En la figura 5 se muestra un esquema similar al de la figura 3, en el que he intentado incluir, de forma muy resumida, la información de estos últimos apartados.

Figura 5
Ciclo de vida de una biopelícula bacteriana,
con algunos de los elementos que intervienen.

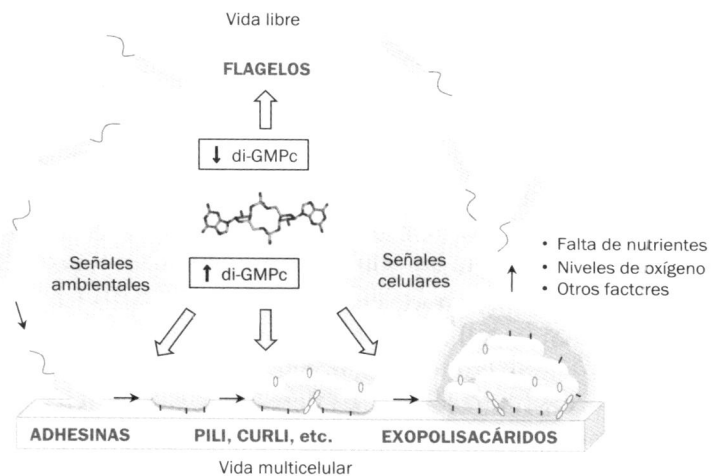

En principio, aunque complejo, el sistema parece bastante directo: en respuesta a determinados estímulos, fundamentalmente químicos pero también físicos, se activa la síntesis o degradación de segundo mensajero y esto determina la "decisión" de cambiar de estilo de vida. Sin embargo, la cosa se complica un poco, porque muchas bacterias poseen numerosas proteínas con actividad diguanilato ciclasa o fosfodiesterasa, e incluso a veces encontramos ambas actividades en una misma proteína.

¿Para qué necesita una bacteria tener hasta 40 proteínas diferentes con aparentemente las mismas funciones? Una posibilidad es que cada proteína actúe en respuesta a un determinado estímulo, modificando los niveles globales de segundo mensajero en la célula, lo que a su vez desencadenará las correspondientes respuestas. Es un concepto relativamente sencillo, conocido como modelo de pajarita, en el que todas las diguanilato ciclasas contribuyen al contenido total de segundo mensajero y este determina las respuestas, pero no termina de explicar todo lo que sabemos sobre la señalización mediada por di-GMPc, en la que no solo interviene la síntesis o degradación de esta molécula en respuesta a estímulos, sino que también hay proteínas que se unen al di-GMPc y modulan localmente la actividad de proteínas vecinas. Recientemente se ha propuesto una idea alternativa, y es que el segundo mensajero no necesariamente funciona a nivel global en toda la célula, sino a través de nodos en los que interactúan distintas proteínas, estando algunos nodos conectados entre sí. Es un modelo más complicado, pero explica mejor algunas de las evidencias que se han ido obteniendo durante la investigación del di-GMPc (se entenderán mejor estas ideas —¡espero!— observando la figura 6). Aunque todavía hay mucho por descifrar, es probable que, como suele pasar en biología, ninguno de estos dos modelos sea completamente perfecto.

Quizás en este punto surja la pregunta de cómo hemos llegado a saber todas estas cosas. Buena parte se lo debemos a estudios de genética bacteriana (como este es mi campo, me gusta pensar que la mayor parte se lo debemos a ella). Por un lado, trabajamos generando mutaciones, bien al azar o bien sobre genes que sospechamos que podrían ser importantes, de manera que interrumpimos su función y analizamos el efecto de dichas mutaciones, en este caso sobre la formación de *biofilms*. Por otra parte, analizamos la expresión génica, es decir, qué genes están "encendidos" o "apagados" en cada momento.

Para explicar mejor cómo funciona todo esto, voy a tomar prestada y modificar un poco parte de una historia escrita por William Sullivan, profesor de la Universidad de California, con la que exponía a sus estudiantes las diferencias entre la genética y la bioquímica.

Figura 6

Modelos alternativos del funcionamiento de la señalización mediada por di-GMPc. Arriba, el modelo de pajarita, en el que respuestas como la formación de biopelículas dependen de los niveles globales segundo mensajero. Abajo, el modelo de nodos, donde distintos estímulos pueden dar lugar a respuestas a través de interacciones entre proteínas.

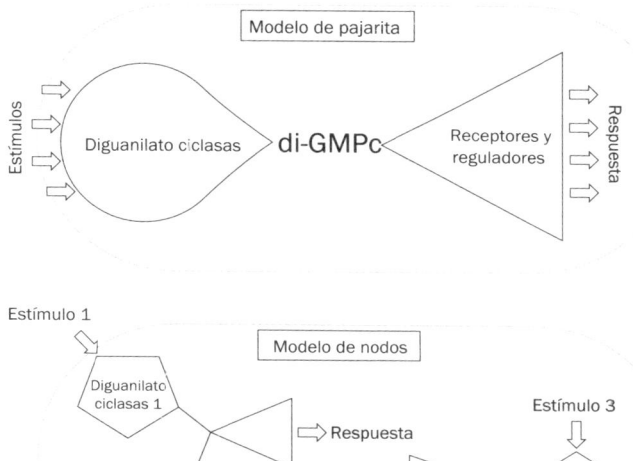

Modelo de pajarita

Estímulos — Diguanilato ciclasas — di-GMPc — Receptores y reguladores — Respuesta

Modelo de nodos

Estímulo 1 — Diguanilato ciclasas 1 — Respuesta

Estímulo 3 — Diguanilato ciclasas 3 — Respuesta

Diguanilato ciclasas 2 — Respuesta — Estímulo 2

Fuente: Adaptada y modificada de A. Vasenina *et al.* (2024).

Imagina que has dedicado toda tu vida a la ciencia, en concreto a la genética, lo que te ha mantenido en tu laboratorio, alejado de otros aspectos del mundo exterior. Tanto, que no tienes ni idea de cómo funcionan los coches. Al jubilarte, te compras una casita que casualmente tiene vistas a una fábrica de coches (el sueldo de los científicos tampoco da para vistas espectaculares). Así que decides aprender sobre ellos como pasatiempo. Mientras te tomas tu café de la mañana, ves que en la fábrica entra gente con mono de trabajo y una fiambrera, y otra gente con traje y maletín. A última hora de la tarde, con tu cerveza en la mano, observas cómo los coches terminados salen por el otro lado de la fábrica. Si te hubieras dedicado a la bioquímica, comprarías varios coches, los triturarías y analizarías su composición, como punto de partida para empezar a saber algo de ellos. Pero como buen genetista, piensas que eso es demasiado esfuerzo, así que una mañana (después del café) te acercas a la fábrica, eliges a un empleado al azar y le atas las manos. Dedicas el día a leer y por la tarde vas a ver cómo salen los coches de la fábrica. Así, descubres que les faltan los faros delanteros, pero tienen los traseros. Deduces que el operario al que ataste es responsable de colocar esos faros, pero que el proceso es diferente para los delanteros y los traseros, de los que se debe ocupar un operario distinto; al día siguiente, atas a otro, ves que los coches no giran y compruebas que eso coincide con que falta el volante.

De ese modo, eliminando elementos concretos y observando el efecto, puedes ir analizando para qué sirve cada cosa y quién es el encargado de montarlo. En algunos casos, puede que no ocurra nada; por ejemplo, un día le atas las manos a uno de los del traje (resulta que es uno de los 15 subdirectores) y esa tarde los coches salen normalmente de la fábrica. Puedes pensar que, o bien los subdirectores de la empresa son totalmente dispensables, o que su trabajo es redundante, y si falta uno hay otros que lo suplen. Necesitarás 14 trozos más de cuerda para comprobarlo…[3].

---

3. En la historia original son dos científicos retirados, un bioquímico (Doug) y un genetista (sin nombre) quienes confrontan sus métodos para estudiar los coches, con una clara victoria del genetista. Al año siguiente, el bioquímico Douglas Kellogg escribió una respuesta a la historia de William Sullivan. En este caso, el genetista (Bill) y el bioquímico (sin nombre) aplican sus métodos y el bioquímico tiene éxito tras mucho esfuerzo, mientras que Bill se da cuenta demasiado tarde del error que ha cometido al considerar que el cinturón de seguridad es prescindible, puesto que al eliminarlo del coche que acaba de comprar, todo funciona perfectamente… hasta que se topa con un árbol. Por suerte nadie muere y al final ambos colaboran para descifrar los misterios de los coches. Y es que la cooperación (y un poco de humor) son imprescindibles en la ciencia y en la vida en general.

Este método sería el equivalente de generar mutaciones al azar y analizar su efecto. Otras veces trabajamos de forma dirigida sobre genes de los que tenemos algo de información previa, bien porque en otros microorganismos se ha descrito que tienen una función y queremos comprobar si en nuestra bacteria favorita pasa lo mismo, o bien porque hemos descubierto que esos genes están activos específicamente en las bacterias cuando están formando un *biofilm*. Siguiendo con el ejemplo de la fábrica de coches, imaginemos que ni los obreros ni los del traje tienen memoria, pero hay una habitación donde se almacenan los libros de instrucciones para producir los distintos modelos. Esos libros serían el "genoma" de la fábrica, su información genética completa, y cada capítulo sería un gen. Pero no se montan todas las piezas a la vez, sino que en cada momento se van produciendo las que se necesitan. Así, en las distintas etapas de fabricación, los libros se van abriendo por los capítulos correspondientes y se van leyendo las instrucciones. Estos serían los genes activos (decimos que "se están expresando"). Algunos contendrán instrucciones para el mantenimiento general de la fábrica, como tener las luces encendidas, que las máquinas estén en marcha o que haya materiales suficientes. Pero otros serán específicos de lo que corresponda incorporar al coche en ese momento y, por lo tanto, importantes para una actividad concreta.

En el caso de las biopelículas, este tipo de aproximaciones nos ha permitido saber qué elementos participan en la interacción directa de las bacterias con la superficie, cuáles funcionan después para conectar a las bacterias entre sí y dar estructura al *biofilm*, o estudiar los genes que se están expresando en cada etapa y qué factores regulan esta expresión. Todo ello es necesario no solo para conocer el proceso en detalle, sino también para otros aspectos aplicados de los que hablaré en el último capítulo.

Pero no todo lo podemos saber gracias a la genética. En realidad, necesitamos una combinación de métodos complementarios. Así, se analiza cómo influye el tipo de superficie y sus características, o cómo se altera la formación de biopelículas al cambiar las condiciones ambientales (por ejemplo, el efecto de añadir determinados compuestos químicos, o si el líquido en el que se sumerge fluye a mayor o menor velocidad, etc.). También se realizan estudios de microscopía, con técnicas cada vez más sofisticadas y potentes para ver cómo se distribuyen las bacterias en un *biofilm*. Para ello se pueden emplear, por ejemplo, proteínas fluorescentes que permiten "marcar" las células con distintos colores y estudiar interacciones entre distintas cepas o especies, evaluar cuánta superficie y volumen ocupan, su organización tridimensional o su estado fisiológico. Se analiza también, con métodos bioquímicos y biofísicos, la estructura y función de determinadas proteínas u otras moléculas y cómo interaccionan entre sí, o cómo se modifica el metabolismo de las células. Incluso se han desarrollado modelos matemáticos, combinando datos experimentales y análisis bioinformáticos, que intentan explicar cómo se regula la formación de biopelículas. Y es que hoy día ninguna rama de la ciencia se entiende sin la cooperación entre disciplinas.

Toda esta combinación de métodos nos ha permitido conocer en detalle lo que ocurre en los sistemas modelo que empleamos en los laboratorios para estudiar las biopelículas, y plantear situaciones experimentales cada vez más complejas. Sin embargo, no siempre es fácil extrapolar lo que observamos en estas situaciones controladas a lo que tiene lugar en los *biofilms* en condiciones naturales. Así, investigadores como Kendra Rumbaugh, de la Universidad de Texas, y Marvin Whiteley, del Georgia Institute of Technology, han postulado recientemente la necesidad de reevaluar nuestros sistemas modelo, valorando sus fortalezas y debilidades, y han propuesto buscar métodos que permitan tener una idea de cuánto se parecen los resultados que obtenemos en el laboratorio al funcionamiento de estas comunidades en la vida real. No es una tarea fácil, pero es un paso necesario para poder profundizar en el conocimiento de los *biofilms* y emplear dicho conocimiento para desarrollar nuevas aplicaciones médicas y biotecnológicas.

CAPÍTULO 3

Interludio evolutivo

Los microorganismos, como cualquier ser vivo, evolucionan; llevan mucho tiempo haciéndolo, de hecho. Mientras que las primeras formas de vida, similares a las bacterias actuales, se calcula que aparecieron hace unos 4000 millones de años, nuestros antecesores no lo hicieron hasta hace poco más de dos millones de años, como puede observarse en la figura 7. Estamos en un planeta bacteriano, en el que realmente somos unos recién llegados.

Desde nuestra perspectiva, las bacterias son seres bastante simples, "primitivos", pero desde el punto de vista evolutivo, constituyen una fórmula exitosa. Aunque podemos encontrar hongos, plantas y animales en muchos lugares del planeta, solo las bacterias están presentes en prácticamente todos los ambientes en los que hemos mirado. Hemos encontrado bacterias capaces de sobrevivir en los desiertos más áridos, como el de Atacama, en Chile; en los hielos de la Antártida y las profundidades marinas; en Río Tinto (Huelva), donde las concentraciones de metales y la acidez del agua hacen casi imposible la vida; en géiseres y chimeneas hidrotermales, con temperaturas elevadísimas y emisiones de gases que nos matarían en pocos segundos; incluso se han recuperado bacterias viables en condiciones similares a las que encontraríamos en Marte o en el espacio exterior, siempre y cuando se encuentren protegidas frente a la radiación ultravioleta.

FIGURA 7
El calendario de la vida en la Tierra, desde su formación hace unos 4550 millones de años hasta hoy. Se indican los momentos aproximados en los que aparecieron las distintas formas de vida.

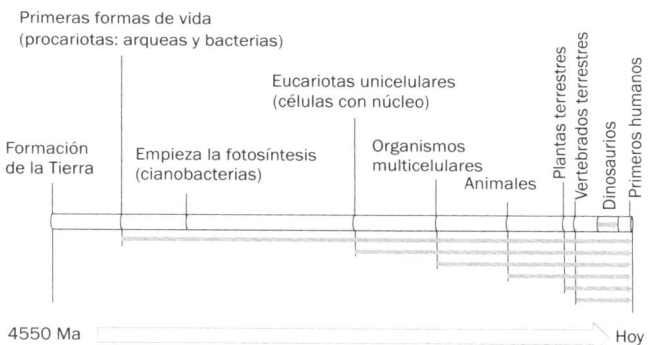

En muchos de estos ambientes, la capacidad de asociarse en forma de comunidades multicelulares resulta esencial como mecanismo de supervivencia. De hecho, hay evidencias que indican que la formación de biopelículas es algo que surge muy pronto en la evolución. Empleando microscopios electrónicos, se han observado estructuras fósiles que podrían corresponder a biopelículas en rocas sedimentarias de Sudáfrica de unos 3300 millones de años de antigüedad, así como en el cratón de Pilbara, una región de Australia que corresponde a una de las zonas de corteza terrestre más antiguas del planeta. En esta región se encuentran también, en aguas poco profundas de la costa, unas estructuras llamadas estromatolitos, con aspecto de rocas redondeadas y rugosas. En realidad, son de origen biológico, están formadas por la deposición de carbonato cálcico producido por *biofilms* de cianobacterias a lo largo de muchísimo tiempo.

Estos y otros hallazgos sugieren que las bacterias primitivas ya empezaron hace mucho tiempo a asociarse y establecer comunidades multicelulares como parte habitual de su ciclo de vida. Se explicaría así el hecho de que la mayoría de las bacterias que se estudian en la actualidad son capaces de formar biopelículas si las condiciones ambientales son adecuadas.

Las biopelículas son también un gran recurso para realizar estudios de selección natural y evolución casi en tiempo real. Como veíamos en el capítulo 1, distintas especies bacterianas son capaces de multiplicarse en muy poco tiempo si las condiciones son adecuadas. Así, mientras que en otros organismos las generaciones se miden en años (unos 25 años para el ser humano), en las bacterias todo pasa mucho más rápido; podemos tener una generación nueva en 20 minutos, lo que nos permite ver la evolución en acción y entender sus mecanismos, y no depender solamente de los registros fósiles para estudiarla.

Se han realizado diversos estudios evolutivos en bacterias. El más famoso es el de Richard Lenski con *Escherichia coli*, iniciado en 1988 en la Universidad de California. Lenski inoculó en paralelo esta bacteria en 12 matraces con un medio de cultivo líquido. Al día siguiente, tras haber dejado que se multiplicasen todo lo posible, tomó una pequeña cantidad de cada cultivo (un 1% de la población bacteriana) para transferirlo a un nuevo matraz con medio, y repetir así el proceso diariamente durante… ¡34 años! A ciertos intervalos, una parte de cada cultivo se guardaba a -80 °C (con bacterias puede hacerse añadiendo un criopreservante, y la mayoría conservan su viabilidad durante décadas; con humanos desarrollados, no, por si has escuchado el mito de que Walt Disney está congelado por ahí a la espera de resucitar). Estas muestras permitían estudiar en detalle cómo iba cambiando la fisiología de las poblaciones bacterianas y también las modificaciones genéticas asociadas a dichos cambios que se habían ido acumulando a lo largo del tiempo. También servían como "campamentos" intermedios a partir de los cuales retomar el experimento si algo fallaba. Algo así como guardar la partida en un videojuego para no tener que empezar desde cero cuando el monstruo de turno espachurra a tu personaje.

Hablo en pasado, pero este experimento de evolución a largo plazo continúa activo y ha superado ya las 75 000 generaciones. Para hacernos una idea de lo que significa ese número a escala evolutiva, si hablásemos de humanos, sería casi como observar en el laboratorio lo sucedido desde que los extintos *Homo erectus* empezaban a tallar herramientas de piedra, hace más de millón y medio de años, hasta los *Homo sapiens* actuales. Obviamente, Lenski no ha mantenido el experimento él solo todo ese tiempo, sino repartiéndose la tarea con su grupo (imagino que una vez obtuvo su plaza de profesor en la Universidad de Michigan le tocaría sobre todo a los nuevos becarios la transferencia diaria de cultivos, especialmente los fines de semana), pero no deja de ser un ejemplo impresionante de constancia científica.

En 2022 se transfirieron muestras de las 12 poblaciones al laboratorio de Jeffrey Barrick, en la Universidad de Texas, con la idea de que una nueva generación de investigadores tomase el testigo y continuase manteniendo y estudiando las futuras generaciones bacterianas. Durante este tiempo, el experimento ha permitido obtener información importante sobre la dinámica de adaptación bacteriana a determinadas condiciones y cómo de repetitivos son estos procesos, es decir, si la evolución en una situación ambiental concreta se produce siempre de la misma manera o existen diferentes estrategias adaptativas.

Se han llevado a cabo experimentos sobre biopelículas bacterianas inspirados en la idea de Lenski, aunque ni mucho menos tan prolongados ni con tanta paciencia. Aun así, se ha podido comprobar que, en distintas especies, se produce una diversificación de la población tras un cierto periodo de tiempo en forma de *biofilm*: al recoger las células de la biopelícula y sembrarlas en una placa de Petri, se observaba que aparecían colonias con distintas morfologías, a pesar de que la población inicial era homogénea. En la figura 8 se muestra un ejemplo que corresponde a trabajos realizados en nuestro laboratorio con una cepa de *Pseudomonas putida*, una bacteria que se ha empleado en numerosas aplicaciones biotecnológicas. En este caso, utilizamos un dispositivo denominado celda de flujo para mantener a la población formando un *biofilm* durante ocho días, gracias al aporte constante de nutrientes. Al cabo de ese tiempo, recuperamos las bacterias y las sembramos en placas de Petri. No son 34 años, pero aun así pudimos comprobar que existía una variedad de morfologías y tamaños de las colonias, que no se ven en la población de partida y que sugieren que determinadas características (como la producción de un tipo u otro de exopolisacáridos) están favorecidas por presentar algún tipo de ventaja adaptativa, o bien reflejan la existencia de subpoblaciones especializadas en el *biofilm*.

FIGURA **8**
En un *biofilm* se produce a lo largo del tiempo una diversificación de la población, que en este caso se puede apreciar al sembrar las bacterias en placas de Petri, observándose distintos tipos de colonias, unas similares a las de la población inicial y otras con forma, tamaño o coloración diferentes.

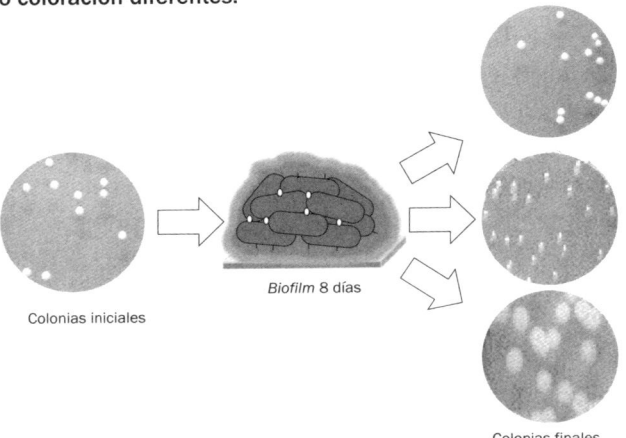

Biofilm 8 días

Colonias iniciales

Colonias finales

Procesos similares se han descrito en otros microorganismos y condiciones experimentales, indicando que esta diversificación de poblaciones es bastante frecuente. Se han estudiado fundamentalmente en bacterias del género *Pseudomonas*, en el que hay especies tanto beneficiosas para las plantas como patógenas para plantas y animales, y donde las distintas subpoblaciones pueden presentar diferencias a la hora de interaccionar con sus hospedadores. Se ha analizado además qué tipo de mutaciones pueden dar lugar a esta diversificación a lo largo del tiempo, algunas de las cuales están relacionadas con la síntesis del segundo mensajero di-GMPc.

Pero uno de los ejemplos más llamativos es el de *Bacillus subtilis*, una bacteria que vive habitualmente en suelos y que es capaz de formar tanto *biofilms* en superficies como unas gruesas películas en la interfase aire-líquido al ponerla en un medio líquido con nutrientes. En ambos casos se produce una diferenciación funcional entre distintas subpoblaciones, de manera que solo una parte de las células se ocupa de producir la matriz de exopolisacáridos. Curiosamente, estas mismas células pueden volverse "caníbales" cuando los nutrientes empiezan a escasear: en respuesta a determinadas moléculas que *Bacillus* y otros organismos liberan en esas condiciones, la subpoblación comienza a producir una toxina, a la que estas células son resistentes, pero que mata a células cercanas que no estén sintetizando exopolisacáridos. Los nutrientes liberados por las células muertas son aprovechados por el resto de la población para mantenerse y producir más exopolisacárido, aumentando así la robustez del *biofilm*.

También en el laboratorio hemos realizado algunos experimentos en los que aplicábamos la capacidad de colonizar una superficie como elemento de selección natural (bueno, artificial). La bacteria mencionada antes, *Pseudomonas putida*, puede iniciar la formación de un *biofilm* relativamente rápido:

en un par de horas, una parte de la población ya se encuentra firmemente adherida a una superficie sólida. En este caso, se trataba de las paredes de un tubo de ensayo dentro del cual habíamos inoculado una pequeña cantidad de cultivo de la bacteria. Tras dos horas, eliminamos todo el líquido y lo reemplazamos por medio de cultivo fresco. De ese modo provocábamos lo que se podría ver como una "extinción masiva" (como la de los dinosaurios): la mayoría de las células que no se habían adherido firmemente a la superficie eran eliminadas, mientras que el resto, es decir, las que sí estaban asociadas al vidrio, podían continuar multiplicándose. Este proceso se repitió varias veces, para finalmente recuperar las bacterias adheridas. Queríamos comprobar si en la población se seleccionaban bacterias que presentasen alteraciones genéticas relacionadas con una mayor tendencia a la adhesión. Estas bacterias mutantes tendrían ventaja, al ser más probable que sobrevivieran cuando se eliminaba el líquido, y con él a la población no adherida.

Al analizar el ADN de algunas de las bacterias recuperadas pudimos identificar mutaciones que daban lugar a la formación de biopelículas mucho más densas y que apenas se dispersaban. Aunque no hemos estudiado todos los casos, en algunos de ellos se trata de mutaciones que bloquean uno de los mecanismos de dispersión del *biofilm* del que hablé en el capítulo anterior: inactivan la proteasa específica que actúa sobre la adhesina principal de *Pseudomonas putida*. Así, la adhesina no se rompe y las bacterias permanecen unidas a la superficie a pesar de que las condiciones ambientales ya no sean favorables para ello.

Este tipo de mutaciones, que de algún modo "bloquean" las bacterias en un estilo de vida multicelular, junto con las observaciones de que existe una diferenciación entre células a nivel funcional en el *biofilm*, pero sobre todo la compleja regulación que determina la transición entre estilos de vida y la existencia de señales químicas de las que hablaré en el siguiente capítulo, ha llevado a algunos autores a considerar el proceso de formación de biopelículas como un ejemplo primitivo del desarrollo que se observa en organismos complejos (como las etapas de desarrollo de un embrión, desde unas pocas células sin diferenciar hasta un bebé con todos sus órganos en marcha, cada uno con su función). Incluso se ha llegado a establecer un paralelismo entre un *biofilm* y la formación y crecimiento de tumores. En cambio, otros autores ven las biopelículas más bien como "ciudades microbianas", en las que igualmente hay reparto de tareas, pero donde las bacterias siguen siendo seres individuales viviendo en comunidad, y no una especie de organismo multicelular primitivo. De ahí surge también la noción de sociomicrobiología, de la que veremos más detalles en el próximo capítulo.

Este debate puede parecer un poco filosófico, pero la forma en que pensemos en las biopelículas es importante, sobre todo con respecto a qué preguntas nos hacemos y cómo abordamos su estudio a nivel experimental. Durante más de una década desde el inicio de los primeros trabajos exhaustivos para analizar las bases genéticas de la vida multicelular bacteriana, el modelo de desarrollo fue el predominante: se identificaban genes, cada uno con una función concreta y activo en un momento determinado, se observaban procesos de especialización de subpoblaciones y se determinaba la presencia de señales y segundos mensajeros celulares que modulaban las distintas etapas de formación de una biopelícula. Todo esto es característico de los procesos de desarrollo que tienen lugar en organismos multicelulares. Sin embargo, aunque podamos encontrar paralelismos, las bacterias no pierden su carácter unicelular aunque se puedan especializar dentro de una biopelícula y coordinar sus respuestas, ya que al cambiar las condiciones, cambian su estilo de vida, abandonando individualmente la comunidad. Parece más correcto pensar en estas poblaciones casi como en ecosistemas, en los que también hay "división de tareas", especialmente si tenemos en cuenta que hay múltiples ejemplos de *biofilms* formados por distintas especies.

Así, cada vez más autores han ido aplicando conceptos de ecología y de biología evolutiva al estudio de las comunidades multicelulares bacterianas y han planteado preguntas desde esa perspectiva. Aparte de enfoques más darwinistas basados en la idea de selección natural, se han empleado modelos basados en teoría de juegos evolutiva. Por ejemplo, para explicar la diversificación de poblaciones en las biopelículas de algunas bacterias se ha planteado intentar diferenciar si se trata de una estrategia de "división de tareas", en la que todos los individuos se benefician de que cada subpoblación haga una cosa, o de lo que se conoce en biología evolutiva como cobertura de apuestas (*bet hedgin*). En este segundo caso, una parte de la población prolifera menos en una situación concreta (en este caso, en un *biofilm*), pero sale beneficiada en caso de que haya un cambio en las condiciones ambientales. Por así decir, dentro del *biofilm*, algunas bacterias se cubren las espaldas de cara a lo que pueda suceder, a costa de ganar menos en la situación actual. Mientras que la primera opción puede parecer más lógica, porque al fin y al cabo las bacterias no saben (en principio) si las condiciones van a cambiar o no, la segunda es compatible con algunos fenómenos como la aparición de lo que se conoce como células persistentes, que no se multiplican, pero pueden sobrevivir frente a agresiones externas como los antibióticos. Hablaré un poco más de ellas en último capítulo.

Desde esta perspectiva, hay estudios que sugieren que la propia formación de una biopelícula es en sí misma una estrategia de "cobertura de apuestas": dado que este estilo de vida confiere protección frente a diversas situaciones de estrés, adoptarlo puede ser ventajoso en previsión de lo que pueda ocurrir, a pesar de que en principio sea más fácil para las bacterias individuales multiplicarse de forma rápida en vida libre. No es que las bacterias realmente sepan nada de esto, sino que es una estrategia que ha resultado ventajosa evolutivamente y se ha mantenido porque los individuos (o las poblaciones) que conservan la capacidad de formar *biofilms* han sobrevivido con mayor éxito.

También se ha planteado una cuestión interesante: ¿qué pasa con los tramposos? Podemos pensar que en una población donde la mayor parte de las bacterias producen los elementos necesarios para construir el *biofilm*, haya algunas que simplemente se beneficien de la cooperación entre las demás: seguirán estando protegidas por la matriz extracelular fabricada por la mayoría, pero no necesitan gastar energía en producir moléculas tan complejas como los exopolisacáridos o apéndices como los pili o los curli. Energéticamente es ventajoso, de manera que si aparecieran en la población bacterias "tramposas", que se aprovechen del resto, podrían en principio multiplicarse más rápidamente y acabar siendo predominantes.

Ya hemos visto que *Bacillus subtilis* adopta una solución drástica, matando y comiéndose a las células que no producen exopolisacárido cuando los nutrientes empiezan a escasear, pero en la mayoría de las bacterias desconocemos los posibles mecanismos para controlar a los tramposos. En la bacteria causante del cólera, *Vibrio cholerae*, sí se ha comprobado que la estructura de la población de bacterias productoras de la matriz extracelular y su organización espacial determinan, y en cierta medida limitan, la distribución de bacterias tramposas. También se han descrito algunos ejemplos experimentales (aunque no en *biofilms*) en los que se demuestra que ser una bacteria tramposa tiene ventajas siempre y cuando las bacterias que cooperan sean mayoría. En cambio, en una población formada principalmente por tramposos, todos pierden. De ese modo, la propia dinámica de la población hace que se tienda a una situación de equilibrio, con un número

suficiente de cooperadores y un número limitado de aprovechados.

Como se puede ver, la vida social de las bacterias se va
complicando cada vez más. Y falta por añadir un elemento del
que trataremos en las próximas páginas: la comunicación.

CAPÍTULO 4

Pásame tu Instagram. Comunicación, coordinación y detección de quórum

Para ser seres sociales no basta con estar en un grupo más o menos numeroso de tu propia especie. Normalmente entendemos por seres sociales aquellos en los que la población se organiza a través de una especialización o reparto de funciones y entre sus miembros se establece algún sistema de comunicación. Las abejas, las hormigas o los humanos somos ejemplos de este tipo de organización. Pero ¿y las bacterias? ¿Se coordinan y pueden comunicarse? Como pueden atestiguar dos de los galardonados con el Premio Princesa de Asturias en 2023, Bonnie Bassler y Peter Greenberg, la respuesta es que sí. Obviamente, las bacterias no tienen ojos, boca, oídos ni manos, así que la comunicación funciona de otra manera, empleando señales químicas.

Años antes de que empezara la fascinación por las biopelículas y se comprobara que su formación es un proceso habitual en la mayoría de las especies, ya se estudiaba una bacteria con un comportamiento social: *Myxococcus xanthus*. Este microorganismo y otros relacionados, denominados de forma genérica mixobacterias, se desplazan de forma coordinada en grandes grupos capaces de atacar a otras bacterias y alimentarse de ellas, lo que algunos autores han comparado con una manada de lobos.

Cuando los nutrientes escasean, las bacterias individuales se desplazan de forma dirigida para concentrarse en determinados puntos, o centros de agregación, formando una especie de cúpulas, cada una con alrededor de 50 000 células. A partir de ellas se desarrollan lo que se conoce como cuerpos fructíferos, unas estructuras tridimensionales multicelulares más o menos complejas dependiendo de la especie. En su interior, las bacterias sufren un proceso de diferenciación en el que se reduce su tamaño y se engrosa su envuelta, entrando en un estado "durmiente", con su metabolismo reducido al mínimo. Estas células durmientes, denominadas mixosporas, pueden permanecer largo tiempo en este estado sin perder su viabilidad, mientras que el resto de la población sufre una muerte celular programada. Cuando las condiciones son favorables y los nutrientes están nuevamente disponibles, las mixosporas se reactivan y vuelven a diferenciarse hacia bacterias normales. Tanto el desplazamiento hacia los centros de agregación como la formación del cuerpo fructífero y las mixosporas son procesos que no ocurren al azar, sino que están determinados genéticamente y responden tanto a la situación ambiental como a señales producidas por las propias células.

La mayoría de las bacterias no presentan un comportamiento tan sofisticado, pero aun así son capaces de coordinarse en respuesta a señales químicas producidas por ellas mismas y sus vecinas. Para explicarlo, voy a contar la historia de un calamar.

Euprymna scolopes, comúnmente llamado calamar rabicorto hawaiano, es un pequeño cefalópodo que vive en aguas costeras poco profundas del Pacífico. Este animalito nocturno, de apenas tres centímetros de largo, cuenta en su parte inferior con un órgano que emite luz, cuya intensidad y color se asemejan a lo que recibe de la luna, funcionando como una especie de camuflaje, ya que reduce la sombra que proyecta sobre el fondo marino y evita así ser detectado por sus depredadores y por sus presas. Esto se conoce como bioluminiscencia y es algo similar a lo que vemos en las luciérnagas. La diferencia es que en estas la luz se emite por una reacción química que produce el propio organismo del insecto, a través de una enzima llamada luciferasa. En cambio, en el caso de nuestro calamar, la luz se debe a bacterias bioluminiscentes de la especie *Aliivibrio fischeri* (anteriormente denominada *Vibrio fischeri*, nombre que por tradición se sigue empleando en la literatura científica), las cuales pueden vivir tanto libremente en el agua de mar como en simbiosis con *Euprymna scolopes*, colonizando este órgano luminoso.

En la década de 1970, Woody Hastings, junto con Ken Nealson y Ned Ruby, entre otros, comienzan a estudiar en detalle la bioluminiscencia de esta bacteria y otra especie relacionada, *Vibrio harveyi*, un patógeno que afecta a distintas especies marinas, analizando qué enzimas la generan y cómo se regula. Pronto descubren que la aparición de luz se activa de forma muy rápida en un determinado momento del crecimiento de un cultivo de la bacteria, para luego irse apagando algo más lentamente. Experimentos posteriores permitieron determinar que esta activación tiene lugar en respuesta a una molécula que las propias bacterias producen y liberan al medio, y que se denominó autoinductor, porque, al añadirla al cultivo, enseguida se observaba la emisión de luz. En 1981 se identificó la molécula autoinductora, la N-3-oxohexanoyl homoserina lactona (abreviada, 3-oxo-C6-HSL).

En la figura 9 se observan los detalles del funcionamiento de este sistema, que se fueron estudiando en los años siguientes. Consta de tres elementos básicos: un gen, denominado *luxI*, que es responsable de la síntesis de autoinductor, el cual es liberado y se difunde por el medio extracelular; otro gen, llamado *luxR*, que codifica una proteína reguladora que funciona al unirse al autoinductor, y, por último, los genes responsables de la bioluminiscencia. El autoinductor difunde fácilmente a través de las membranas celulares al medio exterior, donde su concentración va a depender de la densidad de población de las bacterias que lo producen en los alrededores. A medida que la población se multiplica, aumenta la concentración de autoinductor fuera y dentro de las células, hasta alcanzar una concentración crítica a partir de la cual el regulador detecta la molécula y activa tanto a los genes responsables de la luminiscencia como al propio *luxI*, de manera que el sistema se retroalimenta.

La clave de todo esto es la necesidad de sobrepasar un cierto umbral de concentración del autoinductor para que se active la bioluminiscencia. Eso implica que es necesario un número mínimo de bacterias productoras de la molécula señal, relativamente próximas entre sí en un determinado espacio. Además, permite sincronizar la respuesta, que se produce en toda la población de bacterias prácticamente a la vez al alcanzarse el umbral mínimo.

Para verlo más claramente, imaginemos un experimento en el que ponemos a dos personas con los ojos vendados en una pista de tenis a lanzar pelotas en cualquier dirección al azar. Les decimos que den un grito cuando reciban un pelotazo, y que cuando tengan claro que están escuchando gritos, se quiten la venda y realicen alguna acción. Ambas llevan, además de la venda, auriculares que reducen muchísimo su capacidad para oír los sonidos exteriores. En esas condiciones es muy poco probable que una pelota alcance a ninguna de ellas, y si lo hace, la otra no escuchará el grito. Ahora lo que hacemos es duplicar cada 20 minutos el número de gente en la cancha lanzando pelotas. La cosa no cambiará mucho cuando haya 4, 8 o 16 personas, pero en cuatro horas, cuando sean más de 8000, estarán tan cerca unas de otras que casi siempre alguien recibirá un pelotazo y gritará. De modo que, a pesar de los auriculares, cada una de las personas acabará escuchando prácticamente a la vez los gritos de alrededor. En ese momento, se quitarán la venda casi simultáneamente y realizarán conjuntamente la acción correspondiente; por ejemplo, coger entre todos al científico que ha ideado el experimento y tirarlo al río.

FIGURA 9
Esquema del sistema de bioluminiscencia de *Aliivibrio fischeri*. La molécula señal (autoinductor) es producida por la enzima (LuxI) que codifica el gen *luxI*, mientras que el gen *luxR* codifica una proteína reguladora (LuxR) que requiere unirse a esta molécula para su funcionamiento. Cuando hay pocas bacterias en la población, la molécula señal está en baja concentración, ya que difunde rápidamente de la célula al medio externo. Solo cuando se alcanza un determinado número de bacterias hay suficiente concentración de señal como para activar al regulador y que se produzcan los elementos necesarios para la emisión de luz.

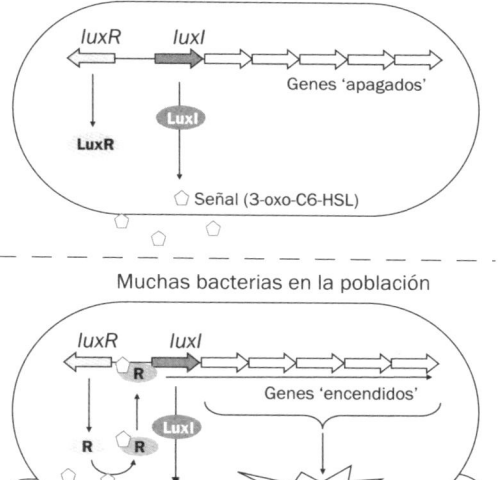

Estas características hicieron que el sistema fuera bautizado como *quorum sensing* o detección de quórum. Por ejemplo, en el parlamento o en una reunión de la comunidad de vecinos hace falta un mínimo de asistentes (decimos que "hay quórum") para que las votaciones sean válidas y se puedan tomar decisiones vinculantes. De forma similar, el sistema que acabo de describir permite a las poblaciones bacterianas activar su respuesta de forma coordinada solamente cuando se ha alcanzado un número suficiente de individuos. Este número puede variar en función del ambiente en el que se encuentren las bacterias, teniendo en cuenta que el autoinductor se va a dispersar en el medio. En el ejemplo del lanzamiento de pelotas, si, en lugar de en una pista de tenis, el experimento se hace en un ascensor, seguramente bastará con cuatro personas para desencadenar la respuesta. En el caso del calamar hawaiano, la bioluminiscencia se produce porque en el órgano luminoso se acumulan muchas bacterias confinadas en poco espacio, gracias a la presencia de nutrientes abundantes en dicho órgano. El propio animal regula la bioluminiscencia expulsando a la mayoría de la población bacteriana de su órgano luminoso aproximadamente cada 24 horas (básicamente, apaga la luz justo antes de irse a dormir oculto entre la arena), de manera que las bacterias restantes tienen que multiplicarse de nuevo hasta alcanzar una elevada densidad de población para volver a emitir luz[4].

Aunque inicialmente el mecanismo pudiera parecer una curiosidad de estas bacterias marinas, en realidad nuevamente la microbiología acuática iba por delante, como en el caso de los *biofilms*. Durante la década de 1990 se empiezan a descubrir sistemas similares en otras especies bacterianas que no

---

4. En YouTube existen vídeos en los que Bonnie Bassler explica todo esto en detalle. *Euprymna scolopes* y su simbiosis con bacterias bioluminiscentes se ha convertido en un sistema modelo para el estudio de interacciones entre animales y sus microorganismos asociados, desde una gran variedad de puntos de vista. Además, es el único calamar que ha viajado al espacio: en 2021 se envió una partida de larvas a la Estación Espacial Internacional, junto con un cultivo de *Aliivibrio fischeri*, para estudiar el establecimiento de la simbiosis en dichas condiciones. No he podido encontrar los resultados de esos experimentos, si es que llegaron a poder hacerse. Sí hay publicados algunos estudios en microgravedad simulada realizados en el laboratorio de Jamie Foster, profesora de la Universidad de Florida, en los que se observan alteraciones en la densidad y estructura de la población bacteriana durante la simbiosis con el calamar.

generan bioluminiscencia, en las que se activa la expresión de determinados genes en función de la densidad de población y en respuesta a una señal producida por las propias bacterias. En 1994, Peter Greenberg y sus colaboradores Clay Fuqua y Stephen Winans acuñan el concepto de detección de quórum en un artículo en el que revisan los primeros descubrimientos de este fenómeno y pronostican su presencia en muchas especies. Gracias a los exhaustivos trabajos de las últimas dos décadas en los laboratorios de Peter Greenberg en la Universidad de Washington, Bonnie Bassler en el Howard Hughes Medical Institute y la Universidad de Princeton y otro buen número de investigadores, hoy sabemos que se trata de un mecanismo bastante generalizado, aunque no universal, que permite a numerosas bacterias comunicarse y modificar de forma coordinada su patrón de expresión génica en respuesta a la densidad de población, a través de diversas moléculas señal que pueden variar en función de la especie. En la figura 10 se esquematizan algunas de estas moléculas.

En bacterias gram-negativas, las señales que encontramos con mayor frecuencia y que están mejor caracterizadas son las acilhomoserina lactonas (AHLs), como la 3-oxo-C6-HSL de *Aliivibrio*, también presente en otras bacterias. Estas moléculas pueden tener una cadena más o menos larga y presentar algunas modificaciones en su composición, lo que les confiere especificidad en cuanto su reconocimiento por la proteína reguladora, pero son básicamente variaciones del sistema de detección de quórum de *Aliivibrio*: su síntesis depende de genes homólogos al gen *luxI*, y su unión a una proteína de la familia de LuxR desencadena la respuesta. En cambio, en bacterias grampositivas las señales suelen corresponder a péptidos, moléculas formadas por unos pocos aminoácidos. También se han identificado otras moléculas que guardan cierto parecido con las AHLs, como las quinolonas, o determinados ácidos grasos y compuestos derivados de ellos. Estos últimos parecen ser señales características de bacterias que interaccionan con plantas, principalmente patógenos vegetales, pero también se han descrito en microorganismos beneficiosos. Existe además una molécula que algunos autores han denominado "señal universal" (aunque en realidad no lo es tanto), el diéster de furanosil borato. Este compuesto fue identificado por Bonnie Bassler y sus colaboradores como la molécula responsable de un segundo sistema de detección de quorum en *Vibrio harveyi* y, por tanto, se denominó autoinductor 2. Posteriormente se comprobó que el autoinductor 2 estaba presente y funcionaba en diversas especies, tanto gram-negativas como gram-positivas.

A pesar de sus diferencias en cuanto a las moléculas que participan y los reguladores que las reconocen, todos estos sistemas son similares en su funcionamiento al que mostraba en la figura 8. Solamente hay que cambiar los genes de bioluminiscencia por otros conjuntos de genes, diferentes dependiendo de la especie.

Además de *Vibrio*, también otras bacterias cuentan con más de una vía de comunicación intercelular de este tipo. Entre los mejor estudiados se encuentran los sistemas de detección de quórum de *Pseudomonas aeruginosa*, gracias a los trabajos, entre otros, de Paul Williams y Miguel Cámara[5], en la Universidad de Nottingham. En esta bacteria existen dos circuitos que responden a distintas AHLs: una de cadena larga (3-oxo-C12-HSL, es decir, con una cadena lateral de 12 carbonos, el doble que la señal de *Aliivibrio*) y una de cadena corta (C4-HSL). Además, hay un tercer sistema dependiente de una quinolona, la 2-heptil-3-hidroxi-4-quinolona (también denominada PQS, *Pseudomonas quinolone signal*). Estos tres circuitos están además interconectados entre sí y funcionan en parte como una cascada: el sistema dependiente de 3-oxo-C12-HSL activa el sistema dependiente de C4-HSL y el sistema de PQS, el cual a su vez activa también el de C4-HSL, pero es inhibido por este.

---

5. Miguel Cámara es uno de los investigadores brillantes que el sistema de ciencia en España no supo recuperar en su momento y ha desarrollado su carrera en Reino Unido, donde actualmente codirige el National Biofilms Innovation Centre.

Figura 10
Estructura de algunas de las moléculas identificadas en distintos microorganismos como señales de comunicación entre células. Por simplicidad, los puntos donde no hay indicada otra cosa corresponden a átomos de carbono.

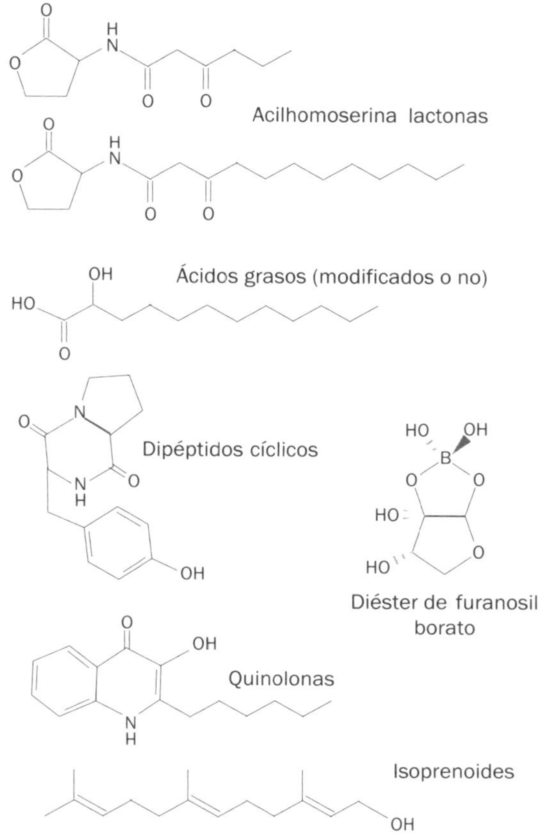

Acilhomoserina lactonas

Ácidos grasos (modificados o no)

Dipéptidos cíclicos

Diéster de furanosil borato

Quinolonas

Isoprenoides

Un lío. Sin embargo, todas estas interconexiones tienen su sentido biológico y permiten a la bacteria encender o apagar la expresión de genes en función de la situación en que se encuentren, combinando tanto la detección de quórum como otros estímulos que reciben del ambiente. Cada circuito regula la expresión de un bloque de genes relacionados con el estilo de vida de la bacteria: funciones que participan en la estructura y la persistencia de *biofilms*, la movilidad coordinada o la capacidad de captar hierro (un elemento esencial para el funcionamiento de todos los organismos, ya que participa en numerosos procesos biológicos, desde la respiración al metabolismo), son algunos de estos elementos sobre los que la señalización intercelular juega un papel destacado en cuanto a su control. También genes relacionados con la virulencia están regulados por la señalización entre células.

Pseudomonas aeruginosa es un patógeno oportunista, es decir, que cuando una persona está sana, el sistema inmunitario suele ser capaz de combatirla sin problemas. Sin embargo, puede causar infecciones graves en pacientes inmunocomprometidos, en el caso de grandes heridas o quemaduras, o en algunas otras situaciones. Si nuestro organismo no es capaz de eliminar unas pocas bacterias, estas pueden multiplicarse lo bastante como para que entren en acción los sistemas de detección de quórum, que son una herramienta que permite activar los genes necesarios para la infección solamente cuando hay un número suficiente de bacterias en la población, evitando malgastar recursos. Podemos verlo casi como la preparación de un ejército para asaltar un castillo; si solo hay unos cuantos soldados, o son muchos pero solo unos pocos tienen sus espadas preparadas, las probabilidades de éxito son mínimas. La detección de quórum sería una forma de coordinar al ejército para asegurarse de que su número es suficiente y que todos estén listos a la vez.

En otras bacterias menos "guerreras", la detección de quórum juega un papel importante en procesos de tolerancia a estrés, captura de hierro, producción de enzimas extracelulares que contribuyen a degradar materia orgánica o la simbiosis con otros organismos. También esta comunicación intercelular controla la síntesis de lo que llamamos metabolitos secundarios, como pueden ser determinados tipos de antibióticos, surfactantes (moléculas que rebajan la tensión superficial y contribuyen por ejemplo al movimiento bacteriano sobre superficies) y otras moléculas que permiten a las bacterias que las producen competir mejor frente a otros microorganismos a la hora de colonizar determinados nichos. Así, por ejemplo, algunas especies capaces de establecerse asociadas a la raíz de plantas liberan al medio compuestos como diacetilfloroglucinol, serralisina, lipopéptidos, etc., que inhiben el crecimiento de hongos o bacterias patógenas. De ese modo, no solo se aseguran su éxito competitivo en la colonización de la raíz, sino que protegen a esta frente a agentes nocivos, garantizando así la integridad de su fuente de nutrientes. También se ha observado que la señalización intercelular regula la producción de un pigmento de color rojo, denominado prodigiosina, en algunas especies del género *Serratia*. Curiosamente, este pigmento tiene un efecto inhibidor sobre la detección de quórum y la formación de biopelículas de otras especies bacterianas, lo que supone una ventaja para la bacteria que lo produce, al bloquear la comunicación y la capacidad de asociarse de sus competidores.

Al menos en el caso de la señalización mediada por AHLs, existen lo que podríamos llamar bacterias "fisgonas": son especies que no tienen la capacidad de sintetizar la molécula señal, pero sí cuentan con algún gen similar a *luxR* (lo que se conoce como *luxR* huérfano o *luxR* solo), de manera que pueden detectar señales producidas por otras especies bacterianas y modificar su fisiología en respuesta a las mismas. En este ámbito, cabe destacar las contribuciones de Vittorio Venturi, del International Centre for Genetic Engineering and Biotechnology (ICGEB), en Trieste (Italia).

Se ha especulado mucho sobre el sentido biológico de este "fisgoneo" entre bacterias. En general, parece contribuir a la eficiencia a la hora de colonizar determinados nichos o de competir con otros microorganismos. Por ejemplo, la inactivación del gen *luxR* solo en *Pseudomonas putida* hace que esta bacteria sea desplazada de la población por otras con las que puede compartir nicho ecológico. Esta pérdida de competitividad parece estar asociada a una menor capacidad de captar hierro del medio externo, un elemento que, como comentaba anteriormente, es esencial para los seres vivos. En algunas especies de rizobios, el *luxR* huérfano contribuye a la tolerancia frente a determinadas situaciones de estrés. Además, al combinar una población de bacterias mutantes, en las que se ha inactivado el gen, y no mutantes, se observa que las mutantes acaban siendo minoría a la hora de colonizar raíces y formar nódulos.

Otro ejemplo bien estudiado de este tipo de sistemas es un regulador denominado SdiA, que está presente en bacterias entéricas (que colonizan el intestino, pudiendo algunas de ellas ser patógenas). Esta proteína reconoce y se une a una gran variedad de AHLs producidas por otras especies, activando o bloqueando la expresión de distintos genes en lo que parece ser un sistema para detectar y adaptarse a distintos ambientes. En *Escherichia coli*, por ejemplo, la unión de SdiA a señales producidas por otros microorganismos activa mecanismos que favorecen la tolerancia a ácido, mientras que la ausencia de AHLs da lugar a la expresión de genes relacionados con la adhesión.

La investigación sobre estos *luxR* solos ha adquirido cada vez mayor interés en los últimos años y también se ha ido complicando a medida que se ha analizado con más detalle el funcionamiento de las proteínas reguladoras que codifican. Así, además de las que responden a AHLs ajenas, también se han encontrado proteínas de esta familia que responden a señales producidas por la propia célula, pero que son químicamente diferentes de las AHLs. Es el caso de dos especies de *Photorhabdus*, bacterias patógenas de insectos en las que las señales son moléculas denominadas fotopironas y dialquilresorcinoles. Incluso se han descrito reguladores de la familia de LuxR que no parecen requerir ningún tipo de señal para ser activos y cuya función, por tanto, no parece tener mucho que ver con la detección de quórum. En otros casos, bacterias que sí producen AHLs cuentan, además del LuxR "canónico", con otro adicional capaz de responder a la señal. Es frecuente que este regulador extra funcione tanto con señales propias como con moléculas de especies diferentes, permitiendo a las bacterias ampliar su rango de respuestas y modularlo en función tanto de su propia población como de la presencia de otras. En general, aunque las proteínas de la familia LuxR pueden unirse a moléculas similares entre sí, su afinidad por unas u otras puede variar, y eso va a determinar las respuestas, lo que podría verse como una forma de que la bacteria reconozca si lo que tiene alrededor son células de su propia especie o de otra, que a su vez puede ser competidora o beneficiosa para ella.

Una forma de ver más claramente el funcionamiento de este sistema sería compararlo con una máquina expendedora de refrescos. La ranura (LuxR) admite distintas monedas, pero está optimizada para las de un euro (la AHL específica), de manera que, si se introduce esa moneda, enseguida sale el refresco. En cambio, si se utilizan monedas de 20 céntimos (las moléculas de otras especies), el sistema también acaba funcionando al alcanzar el valor equivalente al euro, pero se tardará más tiempo en conseguir el refresco. Sin embargo, es posible que no funcione en absoluto con monedas de cinco céntimos.

Las AHLs no son las únicas señales que pueden alterar las interacciones entre bacterias de distintas especies. La liberación de PQS por *Pseudomonas aeruginosa*, por ejemplo, limita la capacidad de formar biopelículas por parte de otras bacterias. A su vez, moléculas derivadas de ácidos grasos, que funcionan como señales de quórum en algunas especies, interfieren con los sistemas de *Pseudomonas aeruginosa*, reduciendo la producción de sus señales propias y alterando su comportamiento multicelular.

Todo esto da una idea de la complejidad que presentan las interacciones sociales entre bacterias, en las que intervienen tanto procesos de cooperación como de competición. Por si fuera poco, se ha descrito un grupo de LuxR solos que responden a señales producidas, no por bacterias, sino por otros organismos. Suelen ser moléculas de origen vegetal y de estructura parecida a las AHLs (aunque no siempre). De hecho, este tipo de reguladores se encuentra en bacterias que viven habitualmente asociadas a plantas, tanto beneficiosas como patógenas. Su función tiene que ver con la activación de algunos de los mecanismos relacionados con la colonización de tejidos vegetales. Pero estas respuestas a señales producidas por organismos ajenos al mundo bacteriano no son casos excepcionales: cada vez encontramos más ejemplos de la existencia de sistemas de comunicación entre seres vivos de distintos reinos.

Hablando con extraños

La idea de que la detección de quórum puede además servir como mecanismo de comunicación entre reinos empieza a aparecer en la década de los 2000, a medida que se identifican estos sistemas en un número creciente de bacterias y se comprueba que juegan un papel relevante en su interacción con otros organismos. Así, se observa que las AHLs producidas por *Pseudomonas aeruginosa* pueden alterar la expresión de genes en células del sistema inmunitario o causar respuestas inflamatorias en células epiteliales. También se obtienen evidencias de que se producen cambios en la fisiología y en la síntesis de proteínas en raíces de plantas en presencia de AHLs. En paralelo, se descubren moléculas que interfieren con la detección de quórum, como las furanonas halogenadas producidas por el alga marina *Delisea pulchra*, las cuales bloquean la señalización y limitan comportamientos multicelulares de diversas bacterias. Son moléculas de estructura muy parecida a las AHLs, pero que contienen dos o tres átomos de elementos como el bromo, y que funcionarían como mecanismo de defensa frente a bacterias patógenas.

Poco a poco se va abriendo paso la idea de que las bacterias pueden modular, a través de sus moléculas señal, la fisiología de otros organismos con los que conviven y viceversa. Algo que va mucho más allá de las ideas clásicas y simples de patogénesis (*soy una bacteria malvada y vengo a hacerte daño*) o simbiosis mutualista (*soy una bacteria buena, vivamos juntos; dame nutrientes y te protegeré de los patógenos o te ayudaré con tu metabolismo*).

Se han empleado sistemas modelo para analizar en detalle cómo se producen las interacciones entre comunidades bacterianas y otros organismos. Uno de ellos es la formación de biopelículas combinando la bacteria *Pseudomonas aeruginosa* y el hongo *Candida albicans*, que a menudo se encuentran juntas causando problemas clínicos, por ejemplo, en catéteres urinarios o intravenosos. Ya hemos comentado los sistemas de detección de quórum en la bacteria, pero también el hongo cuenta con un sistema similar, con dos moléculas señal: el farnesol, un isoprenoide como el de la figura 10, y el tirosol, un derivado del aminoácido tirosina.

Candida y otras especies se conocen como hongos dimórficos, pudiendo encontrarse en forma de células redondeadas (lo que conocemos como levaduras) o de hifas, una red de células alargadas. El paso de un estado a otro viene determinado por la situación ambiental y por los sistemas de detección de quórum: el farnesol inhibe la diferenciación de las células para formar hifas y promueve que las hifas vuelvan al estado de levadura. Pues bien, se ha observado que en biopelículas mixtas, la 3-oxo-C12-homoserina lactona producida por la bacteria tiene un efecto sobre el hongo similar al del farnesol, limitando la formación de hifas. Por su parte, el farnesol puede modular la producción de factores de virulencia por parte de la bacteria. Además, se ha comprobado que la presencia de ambos organismos favorece su crecimiento en forma de *biofilms*.

Este tipo de interacciones se puede observar entre otras parejas de hongos y bacterias. Por ejemplo, *Pseudomonas putida* y el hongo *Ophiostoma piceae*, dos microorganismos de interés biotecnológico capaces de asociarse a superficies vegetales, pueden convivir formando biopelículas. Este hongo también emplea el farnesol como molécula señal, pero su efecto es el opuesto al que se observa en *Candida*. Se ha podido comprobar que el farnesol estimula la formación de biopelículas por la bacteria, causando un incremento en la producción de adhesinas. Tanto el farnesol como la molécula señal de la bacteria (un ácido graso con 12 carbonos en su cadena) favorecen la interacción entre ambos organismos, mientras que la ausencia de estas señales hace que cada uno forme su biopelícula casi de forma independiente, como si ignorase la presencia del otro.

Estos son solo un par de ejemplos de cómo organismos diferentes pueden influirse mutuamente a través de los sistemas de detección de quórum. Pero también encontramos otros tipos de comunicación entre bacterias y organismos más complejos que los hongos. Así, por ejemplo, en la asociación entre rizobios y leguminosas, de la que hablé en el primer capítulo, intervienen ciertas moléculas producidas tanto por la planta como por la bacteria, que van a determinar que se inicie o no la colonización de la raíz por el microorganismo. Esta señalización confiere especificidad a la interacción: en los rizobios, en general, una especie de bacteria se asocia exclusivamente con una determinada especie de planta.

Recientemente está despertando cada vez más atención el estudio de otros sistemas que también intervienen en la comunicación entre bacterias y otros seres vivos. Uno de ellos es la señalización mediada por compuestos volátiles, moléculas que se dispersan fácilmente por el aire (como las que olemos en los perfumes), y que influyen en la fisiología de diferentes organismos. La importancia de los compuestos volátiles se está investigando en detalle, a partir de las primeras evidencias de que algunas especies bacterianas estimulan o inhiben el crecimiento de plantas a distancia sin necesidad de estar en contacto directo con ellas. Esto se debe a la liberación de determinados compuestos que la planta detecta a través del aire. También algunas de estas moléculas pueden influir sobre el metabolismo o el crecimiento de otros microorganismos, e incluso se ha especulado que podrían servir como "marcadores de identidad", permitiendo a las bacterias distinguir a las de su especie de otras. La cosa se complica aún más si pensamos que las propias plantas también producen compuestos volátiles como forma de comunicarse entre ellas o para atraer o repeler a determinados insectos. De este modo, podemos ver la señalización mediada por volátiles como una red de interacciones (directas e indirectas) entre múltiples organismos de distintos reinos.

Otro sistema de señalización está mediado por lo que se denominan vesículas de membrana externa. Se ha observado que, en determinadas condiciones, algunas bacterias generan una especie de "bolsitas" a partir de su propia envuelta celular, en cuyo interior se acumulan proteínas y otras moléculas. Cada vez hay más evidencias de que estas vesículas juegan un papel en la interacción de bacterias patógenas con sus huéspedes: alteración de la respuesta inmune, activación de procesos inflamatorios o cambios en el metabolismo celular son algunos de los efectos observados. Pero también se ha descrito un papel positivo de vesículas producidas por bacterias beneficiosas, que pueden estimular el sistema inmunitario o tener efectos antitumorales. Sin embargo, todavía queda mucho por conocer de los mecanismos implicados en estas respuestas y algunos autores señalan que no siempre los resultados publicados son todo lo rigurosos y reproducibles que deberían para que las conclusiones sean realmente sólidas.

El interés por estudiar toda esta variedad de interacciones e intercambio de señales entre reinos ha aumentado notablemente en los últimos años. Tanto, que ha ido adquiriendo cada vez más relevancia el concepto de holobionte (del griego *holos*, 'todo', y *bios*, referido a la vida), para aludir al hecho de que lo que consideramos organismos multicelulares, incluidos nosotros mismos, son en realidad una comunidad formada por múltiples seres vivos. Esta idea, planteada inicialmente por Lynn Margulis en 1990 en una serie de reflexiones sobre las asociaciones entre organismos, implica que deberíamos abordar los estudios de evolución, ecología y desarrollo de forma diferente, o al menos teniendo en cuenta dicha realidad.

CAPÍTULO 5

Muy curioso, pero ¿por qué debería importarnos todo esto?

Si he conseguido que llegues hasta aquí, es posible que te hayan surgido algunas preguntas de todo lo que he contado. ¿Por qué debería importarnos si las bacterias tienen o no vida social o si viven en comunidades multicelulares? Pues aparte de intentar comprender los mecanismos de persistencia y adaptación de los organismos, es importante saber que la vida social de las bacterias influye notablemente sobre nuestra propia vida.

A nivel médico, las biopelículas son responsables de numerosos problemas. Quizás lo más cotidiano sea la placa dental, como nos recuerdan todos los anuncios de pasta de dientes, enjuagues bucales, etc. Pero hay muchos otros ejemplos, como las úlceras de estómago. Hasta hace dos décadas no teníamos muy claro su origen. Hoy sabemos que a menudo se deben a la colonización de la mucosa gástrica por poblaciones de la bacteria *Helicobacter pylori*, y pueden ser tratadas con antibióticos. También la formación de *biofilms* se ha asociado a infecciones crónicas como las que suelen desarrollar pacientes de fibrosis quística. Esta enfermedad, de origen genético y que acorta muchísimo la esperanza de vida, provoca una alteración en la producción de mucosidad, especialmente en los pulmones, aunque también afecta a otros órganos. En estos pacientes, en lugar de ser fluida y facilitar la expulsión de cuerpos extraños, la mucosidad es densa y pegajosa, se va acumulando y llega a bloquear las vías respiratorias, que deben limpiarse periódicamente por medios mecánicos o con tratamiento farmacológico. Al final, acaba convirtiéndose en un hábitat idóneo para el establecimiento de determinadas bacterias patógenas formando biopelículas difíciles de tratar. De hecho, las infecciones pulmonares, derivadas de estas poblaciones, son una de las principales causas de muerte en relación con la fibrosis quística.

También las biopelículas causan complicaciones asociadas por ejemplo con implantes y prótesis: aunque no sea algo habitual, en ocasiones hay que sustituir una prótesis de cadera o un implante dental a los pocos meses porque una pequeña contaminación del material antes de la intervención acaba dando lugar a una infección crónica difícil de erradicar. Lo mismo sucede con catéteres y sondas (especialmente en las vías urinarias) cuando están mucho tiempo puestos, o con lentes de contacto de larga duración. En estos casos, tenemos las condiciones ideales para la colonización bacteriana: una superficie, nutrientes, líquido, temperatura constante, de manera que es muy habitual que acaben siendo nichos perfectos para que se establezcan bacterias patógenas formando biopelículas. Por otra parte, como ya hemos visto, se pueden desprender células aisladas o incluso fragmentos del *biofilm*, lo que da la oportunidad de colonizar otras zonas del organismo, pudiendo llegar al torrente sanguíneo y, en casos extremos, causar una sepsis generalizada de muy difícil solución.

A todos estos problemas se une el hecho de que la eficiencia de los antibióticos se ve reducida frente a un *biofilm*, por dos motivos. Por un lado, la matriz extracelular que envuelve a las células actúa como barrera protectora, limitando el acceso de determinadas moléculas y provocando que la concentración de antibiótico en las capas más internas de la población sea menor de lo necesario para eliminarlas completamente. Por otro lado, como comentaba anteriormente, se ha descrito la aparición en biopelículas de las denominadas "células persistentes": incluso en tratamientos bastante agresivos, una pequeña proporción de la población bacteriana es capaz de sobrevivir a la acción de los antibióticos, de manera que al dejar de suministrarlos, estas bacterias comienzan de nuevo a multiplicarse y reconstruir la biopelícula. Especialmente si ese tratamiento se retira demasiado pronto, lo cual puede favorecer además la expansión de bacterias resistentes al antibiótico.

El mecanismo por el que determinadas células se convierten en persistentes no está del todo claro, y es uno de los temas destacados en la investigación en microbiología médica actual. Por lo que sabemos, parece que se trata de bacterias localizadas en zonas de la biopelícula a las que llega poco oxígeno, las cuales entran en un estado que podríamos llamar de latencia, con un metabolismo muy reducido. Esto hace que —por así decir—, no se enteren de que está el antibiótico, porque los procesos contra los que estos actúan se encuentran "apagados". Sin embargo, al retirar el antibiótico, y al haberse eliminado las bacterias de alrededor que no estaban en ese estado, estas células se pueden reactivar. Pensemos por ejemplo en una brusca subida de tensión en la red eléctrica que alimenta una casa. Los aparatos que estén funcionando pueden estropearse, porque no están preparados para resistir ese pico de tensión, pero los que estén desconectados no van a sufrir daños y funcionarán cuando se vuelvan a poner en marcha. Lo que tampoco está muy claro es qué procesos determinan exactamente ese nuevo "encendido" de las bacterias persistentes. Puede ser simplemente el acceso de nuevo a nutrientes o a mayores concentraciones de oxígeno, pero también puede que haya elementos reguladores que aún no se han terminado de identificar.

Por si todo esto fuera poco, hay evidencias de que en las biopelículas se puede dar con relativa facilidad la transferencia genética horizontal: el trasvase de genes, no a la descendencia, sino a células vecinas, mediante elementos que funcionan como porteadores. Los mecanismos implicados en estos procesos son complejos y requerirían una explicación detallada que escapa al propósito de este libro. Baste decir que esta transferencia horizontal puede contribuir a que los genes que confieren resistencia a antibióticos se diseminen entre la población de la biopelícula, contribuyendo a la aparición de bacterias multirresistentes.

Todos estos factores contribuyen a que las biopelículas sean difíciles de erradicar incluso en ambientes tan controlados como el de un hospital. Periódicamente se dan casos en los que hay que cerrar quirófanos y otras zonas porque se producen lo que se conoce como infecciones nosocomiales, es decir, aquellas adquiridas en el hospital por pacientes que no las padecían al entrar. Estudios recientes indican que este tipo de infecciones afectan en España a 8 de cada 100 pacientes que ingresan en un hospital y causan la muerte de más de 6000 personas al año. Frecuentemente son infecciones asociadas a lo comentado anteriormente sobre catéteres y sondas, pero también a menudo se deben a la persistencia de bacterias en superficies en los quirófanos u otros espacios que, gracias a la formación de biopelículas, no han podido ser eliminadas completamente. En algunos casos se trata además de cepas resistentes a diversos antibióticos, a los que estas bacterias han estado expuestas en el entorno hospitalario, lo que dificulta todavía más su erradicación.

El problema de la resistencia a antibióticos es uno de los más acuciantes con los que nos encontramos actualmente. Desde el descubrimiento de la penicilina estamos en una carrera de armamento contra las bacterias patógenas: con cada nueva clase de antibióticos que se ha ido identificando, a los pocos años han aparecido las primeras bacterias resistentes a los mismos. Durante bastante tiempo íbamos ganando esta carrera. Tanto, que en las décadas de 1960-1970 existía la creencia generalizada de que la era de las enfermedades infecciosas estaba llegando a su fin. Se dice que William Stewart Halsted, quien fue cirujano general de Estados Unidos (la máxima autoridad médica del país) entre 1965 y 1969, indicó en alguna ocasión que la guerra contra las infecciones causadas por bacterias podía declararse ganada y era hora de cerrar ese capítulo. Aunque se ha citado numerosas veces, no hay fuentes directas que confirmen que Halsted hizo tal afirmación, y de hecho es muy posible que se trate de una leyenda urbana (o microbiana). Lo que sí ha quedado por escrito es lo que una de las grandes autoridades de la época en este ámbito, Robert Petersdorff, comentaba en 1978 y que aparece publicado en la prestigiosa revista *New England Journal of Medicine*: "No puedo concebir la necesidad de tener 309 nuevos graduados formándose en enfermedades infecciosas... salvo que dediquen su tiempo a cultivarse unos a otros".

Hoy todo indica que ya no podemos ser tan optimistas, y que seguimos necesitando especialistas en enfermedades infecciosas. En buena medida esto se debe al mal uso que hemos hecho de los antibióticos: interrumpiendo tratamientos antes de tiempo, utilizándolos en exceso, a veces empleándolos innecesariamente como medida preventiva, o pretendiendo combatir con ellos infecciones víricas, frente a las que son totalmente inútiles. Todo ello facilita la selección de cepas resistentes. Además, si entre las décadas de 1940 y 1980 se identificaron hasta 17 familias diferentes de antibióticos, entre 1987 y 2015 no se produjo ningún nuevo descubrimiento, y desde entonces apenas un par de ellos. En cambio, la presencia de genes que confieren resistencia ha ido detectándose en distintas bacterias cada vez con más velocidad. Así, hay muchas papeletas para que la próxima amenaza que puede surgir a nivel global (aparte de nosotros mismos) sea alguna cepa bacteriana multirresistente contra la que ya no tengamos arsenal con el que luchar. Aunque recientemente ha habido algunos avances muy prometedores, es fundamental conocer los mecanismos de formación de biopelículas y de señalización entre bacterias patógenas, ya que esto puede permitirnos diseñar nuevas estrategias frente a infecciones.

¿Cómo podemos aplicar este conocimiento? Hay distintos niveles en los que es posible actuar, y en todos ellos se está investigando. Por un lado, sabemos que las características fisicoquímicas de la superficie favorecen o dificultan la adhesión bacteriana y el establecimiento de biopelículas sobre ella. Aunque esto puede variar en función de las especies, una opción es recurrir a la búsqueda de nuevos materiales, o tratar los materiales existentes con compuestos que los hagan menos susceptibles de ser colonizados. Gracias a la nanotecnología y a la combinación de estudios de microbiología con ciencia de materiales, se están consiguiendo importantes avances en este sentido que van a permitir minimizar el riesgo asociado a implantes, prótesis, etc., o a la contaminación de material quirúrgico y en el entorno clínico en general.

Por otra parte, estudiar los mecanismos moleculares implicados en la adhesión o la dispersión de estas poblaciones bacterianas y las señales ambientales que promueven uno u otro proceso va a facilitarnos la identificación de dianas terapéuticas y la búsqueda, por ejemplo, de fármacos que inhiban la producción de adhesinas o de otros componentes de la matriz protectora de las biopelículas. De hecho, ya hay muchas iniciativas para descubrir moléculas que reduzcan la capacidad de formar biopelículas, y se han encontrado tanto extractos de origen vegetal como compuestos específicos que funcionan, al menos en el laboratorio y con determinadas bacterias. Aun así, todavía queda mucho por explorar en este ámbito y será necesario desarrollar más ensayos en las condiciones reales en las que estos compuestos se deben aplicar. Esta estrategia, combinada con el tratamiento clásico basado en antibióticos, facilitaría una mejor acción de los mismos y reduciría las posibilidades de que se mantengan focos de células persistentes. También toda esta información y búsqueda de compuestos puede favorecer el descubrimiento de antimicrobianos alternativos a los disponibles, o formas de estimular la dispersión de células adheridas a superficies. Sin embargo, ya hemos visto que los mecanismos que determinan estos procesos varían de unos microorganismos a otros, por lo que es poco probable que demos con una "bala mágica" que sirva para todos. Es necesario conocer en detalle dichos mecanismos para adaptar la estrategia a cada caso.

Otra de las aproximaciones que ha dado resultados esperanzadores, al menos en el laboratorio, es la búsqueda de sistemas para interferir en los procesos de señalización entre bacterias. Y es que interrumpir las comunicaciones del enemigo o confundirlo con mensajes falsos son estratagemas clásicas en cualquier confrontación bélica. En algunas especies bacterianas se han descrito proteínas con actividad enzimática que son capaces de degradar las moléculas que actúan como señales producidas por otros microorganismos. Es lo que se conoce como *quorum quenching*, que podría traducirse como 'silenciamiento o apagado del quórum'. De ese modo, introduciendo bacterias con esta actividad, o añadiendo las proteínas responsables de la misma (previamente obtenidas y purificadas a gran escala), podríamos impedir la señalización entre microorganismos patógenos, reduciendo así su virulencia. En definitiva, es como hacer creer a cada uno de los soldados de un ejército que están solos o que son menos de los que realmente son, ya que no reciben comunicación de los que están alrededor, disuadiéndolos así de iniciar la invasión.

Como mencionaba en el capítulo anterior, también se han descubierto moléculas que impiden la señalización entre bacterias. Algunas son químicamente similares a las moléculas señal, pero no activan la respuesta: son capaces de unirse a la proteína reguladora igual que las señales, de manera que compiten con estas por el sitio de unión y, por así decir, la inutilizan para transmitir la señal. Es lo que se conoce como antagonistas. En este caso podríamos establecer la analogía con un mensaje de correo electrónico que parece de un amigo pero que contiene un virus informático: el sistema de correo lo reconoce, pero al abrirlo no hay información, sino que bloquea el ordenador.

En otros casos, son moléculas que no funcionan directamente sobre la proteína reguladora, sino a través de otros mecanismos, aunque el efecto final es similar. Un ejemplo es el ajoeno, un compuesto presente en el ajo que es un potente inhibidor de procesos relacionados con la detección de quórum. Hay estudios en los que el aporte de cápsulas con concentrado de ajo se ha relacionado con mejorías frente a infecciones pulmonares. También se ha demostrado que el extracto de ajo, y específicamente el ajoeno, es eficaz en combinación con el antibiótico tobramicina para reducir la formación de biopelículas y combatir la colonización de tejido pulmonar por el patógeno oportunista *Pseudomonas aeruginosa*, al menos en ratones. Los ajos de origen español parecen ser los que más concentración de ajoeno contienen y su consumo sin duda presenta beneficios y puede tener un cierto efecto preventivo, pero lo cierto es que no va a poder curar una infección solamente a base de ajo. Habría que comer diariamente 5 kilos de ajos para obtener la cantidad de ajoeno empleada por los autores de este estudio.

Otro tipo de moléculas de interés para interferir con la detección de quórum son las que llamamos miméticas o imitadoras. Son moléculas producidas por otros organismos capaces de desencadenar los procesos asociados a la detección de quórum en bacterias, aunque no sean la señal específica que les corresponde. Un ejemplo es el ácido rosmarínico, un compuesto presente en distintas plantas, particularmente en aromáticas como albahaca, romero, orégano, etc. Esta molécula es capaz de unirse a la proteína reguladora de quórum de *Pseudomonas aeruginosa* y activar la respuesta. ¿Qué sentido biológico tiene esto? Se ha planteado como otra forma de "engañar" a la población bacteriana, en este caso en sentido contrario al del apagado del quórum: las bacterias pasan a activar sus mecanismos de virulencia antes de que haya un elevado número de ellas. Es como si mandásemos un mensaje falso al enemigo haciéndole creer que son un gran ejército y provocando que se lancen al ataque antes de realmente ser lo suficientemente numerosos, facilitando así la defensa.

Todo indica que las plantas pueden ser una fuente valiosa de compuestos potencialmente interesantes para interferir con la señalización bacteriana y con la formación de biopelículas. Según algunos cálculos, más de 200 000 moléculas diferentes pueden resultar de lo que se conoce como metabolismo secundario de las plantas, es decir, el metabolismo que no está dirigido exclusivamente a obtener energía. Esto, unido a los avances en biología computacional que permiten usar herramientas informáticas (y más recientemente la inteligencia artificial) para predecir posibles interacciones entre una proteína y una batería de compuestos, o simular variaciones en la estructura de las moléculas para identificar, por ejemplo, cuáles podrían unirse con más afinidad a los reguladores del quórum, aumentará nuestro arsenal frente a patógenos.

Me he puesto un poco belicoso en estos párrafos anteriores, pero no todo es negativo, ni mucho menos, a la hora de hablar de la interacción entre bacterias y humanos. Al contrario. De hecho, nuestro propio organismo está colonizado por miles de millones de bacterias, tantas que el número de células bacterianas supera al de células humanas. Se solía decir que la proporción es de 10 a 1, aunque datos más recientes sugieren que es menor, en torno a 1,3 veces más bacterias que células humanas. Aunque los cálculos varían, se estima que entre 1 y 2 kilos de nuestro peso corresponde a microorganismos; teniendo en cuenta que nuestro cerebro pesa menos de kilo y medio, cabe plantearse quién manda aquí… La mayor parte de estos microorganismos se encuentran en el colon, donde las condiciones de temperatura y humedad y un aporte cíclico de nutrientes van a dar lugar a un hábitat muy favorable. Al colon le siguen, por número de bacterias, la piel y la mucosa oral.

El conjunto global de microorganismos asociados en general al ser humano es lo que llamamos microbioma. En cambio, cuando hablamos de las especies y poblaciones que colonizan determinadas áreas, solemos referirnos a la microbiota (lo que antes llamábamos flora): intestinal, oral, etc. La composición y equilibrio de estas comunidades microbianas son esenciales para nuestra salud. Cada vez más estudios, entre ellos los de Jeffrey Gordon, conectan las alteraciones en la microbiota intestinal con distintas enfermedades y cambios fisiológicos. Aparte de aspectos que pueden estar más directamente relacionados con el funcionamiento del aparato digestivo (colitis, colon irritable, etc.) y su impacto en el metabolismo, como la obesidad o la malnutrición, existen evidencias de que la microbiota intestinal puede estar afectando a aspectos tan diversos como el desarrollo de los vasos sanguíneos, algunas alergias e incluso a la salud mental[6].

También parece haber una conexión entre la microbiota oral y la salud que va más allá de problemas dentales, correlacionándose un mayor riesgo de infarto y problemas cardiovasculares con la periodontitis, provocada por biopelículas de bacterias que causan infecciones e inflamación de encías. Además, ya mencioné anteriormente que elementos como las fibras amiloides bacterianas presentan gran parecido con las que encontramos asociadas con el alzhéimer y otras enfermedades. En esta y otras patologías que afectan al cerebro se produce un aumento anormal en la producción de proteínas amiloides, dando lugar a gran cantidad de fibras que se van acumulando, formando agregados. De hecho, recientemente se ha sugerido que las fibras amiloides producidas por determinadas bacterias como herramienta para colonizar superficies (incluyendo tejidos de organismos complejos) podrían actuar como iniciadoras de ciertas enfermedades neurodegenerativas y autoinmunes. Aunque todavía queda mucho por investigar para comprobarlo, sería una conexión más entre los microorganismos y nuestra salud.

---

6. Para saber más detalles sobre el papel de estos microorganismos en nuestro cuerpo, recomiendo el libro *La microbiota intestinal*, de Carmen Peláez y Teresa Requena.

Es casi seguro que, en los próximos años, la lista de enfermedades derivadas de alteraciones en el equilibrio de nuestro microbioma aumentará y nos deparará algunas sorpresas, así que una de las estrategias más prometedoras para prevenir o tratar muchos problemas de salud es buscar mecanismos que permitan modificar estas poblaciones microbianas asociadas a las superficies de nuestro cuerpo para restablecer dicho equilibrio. Esto puede lograrse mediante moléculas que favorezcan a unos microorganismos frente a otros, o bien aportando desde fuera las bacterias que resulten beneficiosas, ya sea individualmente o en forma de "cóctel" compuesto por la proporción adecuada de distintas especies. Incluso se ha especulado con un posible uso terapéutico de algunos dipéptidos cíclicos, como los que funcionan como señales de quórum en algunas bacterias, frente a enfermedades que afectan al sistema nervioso.

Algo de todo esto está ya en nuestras vidas, lo vemos con los denominados probióticos, que no son otra cosa que determinadas cepas bacterianas, presentes en alimentos o suministradas en forma de liofilizado, que pueden ayudar a lograr un correcto equilibrio de nuestra microbiota intestinal. Aunque a menudo se han exagerado sus propiedades, es cierto que pueden ser útiles cuando se han producido alteraciones, a consecuencia de una infección intestinal o tras un tratamiento con antibióticos, por ejemplo. Todavía queda mucho por aprender, pero en palabras del propio Jeffrey Gordon, probablemente dentro de una década tendremos microorganismos como un elemento más del botiquín que guardamos en casa.

Los avances en el estudio del microbioma humano y de su papel en el funcionamiento de nuestro cuerpo van a suponer un paso adelante en la medicina personalizada, porque cada uno de nosotros somos un ecosistema único formado por nuestras células y nuestros microorganismos asociados. Por si fuera poco, según terminaba de escribir esto, se publicaban resultados de un estudio en el que, mediante técnicas de biología computacional, se ha determinado que en el microbioma humano podría existir la capacidad de sintetizar más de 300 moléculas con potencial como antibióticos. Ensayos posteriores en el laboratorio indican que algunos de estos compuestos efectivamente tienen actividad antimicrobiana frente a algunos patógenos. Este trabajo, codirigido por el investigador español César de la Fuente, de la Universidad de Pensilvania, da una idea del potencial que aún nos queda por descubrir en las comunidades microbianas. Y no tenemos que irnos muy lejos: basta mirar en nuestro propio microbioma.

Entonces, ¿cómo nuestro organismo distingue entre las bacterias que causan infecciones y las de su propio microbioma y por qué el sistema inmunitario normalmente no ataca a estas últimas? Por un lado, las bacterias asociadas a nuestro cuerpo se establecen sobre la piel o forman biopelículas sobre las mucosas sin intentar romper esa barrera. Además, es probable que algunos de los sistemas de señalización que hemos visto en el capítulo anterior contribuyan a mantener esta relación mutualista, así como a preservar la estructura y función del microbioma. Por otra parte, las bacterias patógenas cuentan con mecanismos de virulencia, como la producción de determinadas proteínas, que son detectadas y generan una respuesta de defensa[7].

Todo lo que se ha comentado relacionado con la salud humana es lógicamente extrapolable a la salud animal, tanto en lo que se refiere a la importancia de los microbiomas como en la conexión entre *biofilms*, infecciones crónicas y resistencia a antibióticos. Esto supone un importante impacto en actividades como la ganadería intensiva y también muy notablemente en acuicultura, donde volvemos a tener una situación favorable para determinadas bacterias: agua, nutrientes abundantes, superficies para colonizar... En estos ambientes no es raro que se produzcan infecciones recurrentes, con las consiguientes

---

7. Para saber más información sobre estos temas, recomiendo el libro *Nuestro sistema inmunitario*, de Elena Campos.

pérdidas económicas. Entre las bacterias que pueden amenazar las explotaciones acuícolas están especies del género *Vibrio* (ya vimos la importancia de este género en el descubrimiento de la señalización entre bacterias) como *Vibrio cholerae*, la responsable del cólera, que además de ser un patógeno humano, puede infectar a peces, crustáceos y otros animales. La búsqueda de enzimas capaces de impedir la comunicación entre bacterias degradando las moléculas señalizadoras, por ejemplo, es una de las estrategias en las que se está avanzando en este sentido como posible alternativa o intervención complementaria al uso de antibióticos.

Otro ejemplo de la importancia de profundizar en estas aproximaciones, que conecta producción ganadera y salud humana, lo encontramos en cepas de *Escherichia coli* enterohemorrágicas. Son bacterias que colonizan el intestino de mamíferos, pero mientras que en humanos la adhesión a las células intestinales provoca lesiones que acaban causando diarreas sangrantes, en rumiantes la adhesión no produce efectos negativos. Se ha observado que las poblaciones de bacterias que colonizan el rumen producen AHLs, lo que facilita a *Escherichia coli* sobrevivir, gracias a la activación de la tolerancia a ácidos mediada por SdiA que ya comenté en el capítulo anterior. En cambio, en otras partes del tracto gastrointestinal no se detectan moléculas señal. En estas condiciones, se activa la adhesión al epitelio intestinal, donde puede proliferar la bacteria y periódicamente expulsarse parte de la población con las heces. De ese modo, los rumiantes actúan (involuntariamente) como reservorio de este patógeno humano. Se calcula que alrededor del 70% del ganado podría ser portador de este tipo de bacterias. Así, buscar sistemas para interferir con la señalización mediada por AHLs en el rumen podría disminuir el riesgo de enfermedad causada por contaminación de carne o contaminación cruzada de plantas comestibles que entran en contacto con heces del ganado.

Además de su importancia para la salud humana y animal, las biopelículas pueden generar también problemas a nivel industrial; son responsables de procesos de corrosión de materiales y de obstrucción de canalizaciones (imagina lo que habrá en la tubería de desagüe de una cocina o en un lavabo), que acaban siendo una pesadilla en ingeniería hidráulica y naval. También hay que tenerlas en cuenta en el procesado y envasado de alimentos, no solo por la posibilidad de deterioro de los alimentos por contaminación bacteriana, sino por potenciales problemas de salud pública. Y es que nuevamente aquí nos encontramos con ambientes favorables para la formación de biopelículas, y en algunos casos con amenazas que no esperábamos.

En 2011, un brote epidémico causado por una cepa de *Escherichia coli* generó más de 4000 casos de enfermedad gastrointestinal, provocando 54 muertes en Europa. Curiosamente, a pesar de ser ambientes tan distintos, estas bacterias y otras similares, como algunas especies de *Salmonella*, también son capaces de persistir colonizando superficies vegetales. Se ha comprobado que estas bacterias pueden formar *biofilms* en determinadas zonas de las hojas, especialmente de algunas variedades de lechuga, como la iceberg, y también en otras partes de la planta. Esa fue la causa de las infecciones gastrointestinales: una partida de brotes de alfalfa germinados para consumo en crudo que se distribuyó desde Alemania y que venía contaminada con una importante cantidad de bacterias, que además eran resistentes a distintos antibióticos. Normalmente, los controles sanitarios funcionan y estos casos son infrecuentes, pero aun así, no está de más lavar bien la ensalada aunque en el envase ponga "lista para consumir". En todos estos ámbitos, al igual que en medicina cuando hablamos de catéteres, implantes, etc., será fundamental la investigación sobre nuevos materiales que dificulten la colonización bacteriana.

La formación de *biofilms* también tiene grandes aplicaciones y un enorme potencial que podemos aprovechar, por ejemplo, en procesos de tratamiento y depuración de aguas residuales. En este caso, las comunidades microbianas funcionan como auténticos filtros para eliminar contaminantes. Suelen estar compuestas por distintas especies, con la capacidad de tolerar compuestos que pueden ser tóxicos para otros organismos y de degradarlos, obteniendo energía a partir de ellos. Una de las aplicaciones más interesantes en la actualidad es la eliminación de lo que llamamos contaminantes emergentes: compuestos que pueden ser tóxicos para la flora o la fauna y que en los últimos años han visto incrementada su presencia en el ambiente. Derivados de cosméticos, productos de higiene como los enjuagues bucales o medicamentos como el ibuprofeno son algunos de estos contaminantes emergentes y ya se han identificado algunas bacterias capaces de degradarlos. Las biopelículas se emplean además para otras aplicaciones biotecnológicas, como es la producción a nivel industrial de determinados compuestos de origen biológico, a menudo aprovechando residuos que de otra manera se desperdiciarían.

Finalmente, el estudio de la colonización bacteriana de superficies y la señalización entre microorganismos es también relevante en agricultura, a distintos niveles. Por un lado, todo lo que hemos mencionado puede facilitar el combate de enfermedades vegetales que afectan a los cultivos, causadas por bacterias fitopatógenas. Pero también aquí hay una cara positiva, y muy importante para la protección y el rendimiento de los cultivos y para la vida vegetal en general: igual que nosotros tenemos nuestro microbioma, las plantas tienen el suyo, sobre todo asociado a las raíces. Algunos de esos microorganismos ejercen una acción favorable, estableciendo así una relación mutualista con las plantas en la que ambos organismos se benefician: las bacterias obtienen nutrientes de la planta y a su vez esta puede aprovecharse de determinadas actividades bacterianas, como obtención de fósforo y otros compuestos del suelo, protección frente al ataque de organismos nocivos, o incrementar la tolerancia frente a condiciones que suponen un estrés para la planta; es lo que conocemos como bacterias promotoras del crecimiento vegetal, de gran interés porque son una alternativa al uso de fertilizantes o pesticidas de origen químico. Por ello están siendo objeto de crecientes estudios en el ámbito de la agricultura sostenible y la adaptación de cultivos al cambio global.

Sin embargo, para que estos microorganismos sean eficaces, no basta con que en el laboratorio detectemos que tienen actividades potencialmente interesantes. Además es fundamental que sean capaces de colonizar de forma eficiente la raíz de las plantas y persistir en esas condiciones. Esta capacidad implica tanto la formación de biopelículas en la superficie de la raíz y en las zonas de suelo circundantes como procesos de señalización planta-bacteria y bacteria-bacteria como los comentados en el capítulo anterior. En este sentido, hay cada vez más evidencias de que la planta ejerce una presión selectiva sobre las poblaciones microbianas. Hasta cierto punto, las distintas especies vegetales "seleccionan" su microbioma, favoreciendo a unos grupos de bacterias frente a otros, aunque esta selección depende de la especie vegetal y también de factores ambientales, e incluso puede verse influida por las prácticas agrícolas (rotación de cultivos, arado en mayor o menor profundidad, riego, etc.).

Incluso se han empezado a diseñar canales de comunicación sintéticos entre bacterias y plantas. Mediante técnicas de ingeniería genética, se han introducido en bacterias que colonizan la raíz genes responsables de la síntesis de una molécula señal, asociados a la detección de algún compuesto exógeno, y el gen correspondiente a un "receptor" de esa señal en la planta. Cuando la bacteria detecta el compuesto, sintetiza la señal y esta es percibida por la planta. Aunque esto solo se ha hecho a modo de prueba de concepto (es decir, para demostrar que puede hacerse y funciona), se ha propuesto este tipo de planteamientos como herramienta para monitorizar el estado del suelo en cuanto a nutrientes, presencia de patógenos o detectar contaminantes ambientales.

En definitiva, el hecho de que las bacterias tengan vida social influye en muchos aspectos de nuestra propia existencia, desde la salud y el bienestar hasta la producción de alimentos. La investigación en todos estos ámbitos nos permitirá mejorar nuestra esperanza de vida y saber aprovechar su potencial puede ayudarnos a tener un planeta más limpio y sostenible. Nunca subestimemos el poder de una bacteria y mucho menos el de una biopelícula…

Bibliografía

BELLEZZA, I.; PEIRCE, M. J. y MINELLI, A. (2014): "Cyclic di-peptides: from bugs to brain", *Trends in Molecular Medicine*, 20, pp. 551-558.

CAMPOS SÁNCHEZ, E. (2023): *Nuestro sistema inmunitario*, Madrid, CSIC-Los Libros de la Catarata.

CARRASCOSA, A. V. y BÁGUENA M. J. (coords.) (2019): *El desarrollo de la Microbiología en España.Vol I*, Madrid, Editorial Centro de Estudios Ramón Areces.

CHUNG, K.-T. y FERRIS, D. H. (1996): "Martinus Willem Beijerinck (1851-1931) Pioneer of general microbiology", *ASM News*, 62, pp. 539-543.

COSTERTON, J. W.; CHENG, K. J.; GEESEY, G. G.; LADD, T. I.; NICKEL, J. C.; DASGUPTA, M. y MARRIE, T. J. (1987): "Bacterial biofilms in nature and disease", *Annual Review of Microbiology*, 41, pp. 435-464.

FERNÁNDEZ-GÓMEZ, P.; PRIETO, M.; FERNÁNDEZ-ESCÁMEZ, P. S.; LÓPEZ, M. y ÁLVAREZ-ORDÓÑEZ, A. (2020): "Biopelículas y persistencia microbiana en la industria alimentaria", *Arbor*, 196(795), a538.

FITZHARRIS, L. (2020): *De matasanos a cirujanos. Joseph Lister y la revolución que transformó el truculento mundo de la medicina victoriana*, Madrid, Debate.

GLAWE, D. A. (1992): "Thomas J. Burrill, pioneer in plant pathology", *Annual Review of Phytopathology*, 30, pp. 17-24.

HARTMANN, A.; BINDER, T. y ROTHBALLER, M. (2024): "Quorum sensing-related activities of beneficial and pathogenic bacteria have important implications for plant and human health", *FEMS Microbiology Ecology*, 100, fiae076.

HENRICI, A. T. (1933): "Studies of freshwater bacteria I. A direct microscopic technique", *Journal of Bacteriology*, 25, pp. 277-287.

JIRICNY, N.; DIGGLE, S. P.; WEST, S. A.; EVANS, B. A.; BALLANTYNE, G.; ROSS-GILLESPIE, A. y GRIFFIN A. S. (2010): "Fitness correlates with the extent of cheating in a bacterium", *Journal of Evolutionary Biology*, 23, pp. 738-747.

KIRCHER, A. (1658): *Scrutinium physico-medicum contagiosae luis, qui pestis dicatur*, Typis Mascardi, Roma [ejemplar digitalizado en la Francis A. Countway Library of Medicine, Harvard University, en https://lc.cx/SQvtyX].

KOLTER, R. (2010): "Biofilms in lab and nature: a molecular geneticist's voyage to microbial ecology", *International Microbiology*, 13, pp. 1-7.

MACIÀ M. D.; DEL POZO J. L.; DÍEZ-AGUILAR M. y GUINEA J. (2018): "Diagnóstico microbiológico de las infecciones relacionadas con la formación de biopelículas", *Enfermedades Infecciosas y Microbiología Clínica*, 36, pp. 375-381.

MARCH ROSSELLÓ, G. A. y EIROS BOUZA, J. M. (2013): "Quorum sensing en bacterias y levaduras", *Medicina Clínica*, 141, pp. 353-357.

MONDS, R. D. y O'TOOLE, G. A. (2009): "The developmental model of microbial biofilms: ten years of a paradigm up for review", *Trends in Microbiology*, 17, pp. 73-87.

OPAL, S. M. (2010): "A Brief History of Microbiology and Immunology", en A. W. Artenstein (ed.), *Vaccines: A Biography*, Nueva York, Springer.

PELÁEZ, C. y REQUENA, T. (2017): *La microbiota intestinal*, Madrid, CSIC-Los Libros de la Catarata.

Pérez Montaño F.; Bellogín R. y Espuny, R. (2012): *Comunicación entre bacterias: "Quorum Sensing"*,

Petersdorf, R. G. (1978): "The Doctors' Dilemma", *New England Journal of Medicine*, 299, pp. 628-634.

Piqueras, M. (2013): "Giuseppina Cattani y el tétanos", *SEM@foro*, 55, pp. 5-6.

Rumbaugh, K. P. y Whiteley, M. (2024): "Towards improved biofilm models", *Nature Reviews Microbiology*, 7 de agosto.

Sender, R.; Fuchs S. y Milo, R. (2016): "Are we really vastly outnumbered? Revisiting the ratio of bacterial to host cells in humans", *Cell*, 164, pp. 227-340.

Spratt, M. R. y Lane, K. (2022): "Navigating environmental transitions: the role of phenotypic variation in bacterial responses", *mBio*, 13, e02212-22.

Sullivan, W. T. (1993): "The Salvation of Doug", *Genetics Society of America Newsletter, GENErations*, vol. 1, n.º 3.

Torres, M. D. T.; Brooks, E. F.; Cesaro, A.; Sberro, H.; Gill, M. O.; Nicolaou, C.; Bhatt, A. S. y De la Fuente-Núñez, C. (2024): "Mining human microbiomes reveals an untapped source of peptide antibiotics", *Cell*, vol. 187, n.º 19.

Van den Bergh, B.; Swings, T.; Fauvart, M. y Michiels, J. (2018): "Experimental design, population dynamics, and diversity in microbial experimental evolution", *Microbiology and Molecular Biology Reviews*, 82, e00008-e00018.

Varrón, M. T. (*circa* 35 a. C.): *Rerum rusticarum Libri III* [traducción y comentarios de José Ignacio Cubero Salmerón, Consejería de Agricultura y Pesca, Servicio de Publicaciones y Divulgación, Sevilla, 2010].

Vasenina, A.; Fu, Y.; O'Toole, G. A. y Mucha, P. J. (2024): "Local control: a hub-based model for the c-di-GMP network", *mSphere* 9, e00178-24.

Watnick, P. y Kolter, R. (2000): "Biofilm, city of microbes", *Journal of Bacteriology*, 182, pp. 2675-2679.

Títulos de la colección
¿Qué sabemos de?